LA NUEVA HUMANIZACIÓN DEL AGUA

TEMAS CLACSO

CLACSO

Los trabajos que integran este libro fueron sometidos a una evaluación por pares

Faccendini, Aníbal Ignacio
La nueva humanización del agua : una lectura desde el ambientalismo inclusivo / Aníbal Ignacio Faccendini ; prólogo de Leonardo Boff ; Riccardo Petrella. - 1a ed . - Ciudad Autónoma de Buenos Aires : CLACSO ; Rosario : Universidad Nacional de Rosario-UNR, 2019.
158 p. ; 23 x 16 cm.

ISBN 978-987-722-482-5

1. Calidad del Medio Ambiente. 2. Abastecimiento de Agua. I. Boff, Leonardo, prolog. II. Petrella, Riccardo, prolog. III. Título.
CDD 363.7

Otros descriptores asignados por CLACSO:
Acceso al Agua / Planificación Urbana / Políticas Públicas / Estado / Prensa / Medio ambiente / Movimientos Sociales / Rosario / Santa Fe / Argentina

LA NUEVA HUMANIZACIÓN DEL AGUA

UNA LECTURA DESDE EL AMBIENTALISMO INCLUSIVO

ANÍBAL FACCENDINI

Prefacio de Riccardo Petrella

Prólogo de Leonardo Boff

UNR EDITORA

CLACSO

CLACSO
Consejo Latinoamericano
de Ciencias Sociales
Conselho Latino-americano
de Ciências Sociais

CLACSO - Secretaría Ejecutiva

Karina Batthyány - Secretaria Ejecutiva
Nicolás Arata - Director de Formación y Producción Editorial
Lucas Sablich - Coordinador Editorial

La nueva humanización del ambiente del agua y el espacio en nuestra tierra común (Buenos Aires: CLACSO, agosto de 2019).

ISBN 978-987-722-482-5

CLACSO
Consejo Latinoamericano de Ciencias Sociales - Conselho Latino-americano de Ciências Sociais
Estados Unidos 1168 | C1023AAB Ciudad de Buenos Aires | Argentina
Tel [54 11] 4304 9145 | Fax [54 11] 4305 0875 | <clacso@clacsoinst.edu.ar> | <www.clacso.org>

Se terminó de imprimir en el mes de diciembre de 2019 en
Talleres gráficos Elías Porter, Plaza 1202,
Ciudad Autónoma de Buenos Aires

Patrocinado por la Agencia Sueca de Desarrollo Internacional Asdi

ÍNDICE

AGRADECIMIENTOS

Al Maestro, constituyente de todo lo constituido.

Al Dr. Leonardo Boff, por su sabiduría, pedagogía y generosidad. Expreso mi sentido reconocimiento y agradecimiento, por su prólogo a este libro.

Al Dr. Riccardo Petrella por enseñarme derechos que están y hay que ejercerlos o si no construirlos. También por su talento, claridad y amabilidad siempre presentes en su compromiso por la vida planetaria. Desde ya expreso mi gratitud por prologar el presente trabajo.

Quiero connotar de sobremanera mi valoración y consideración con mi familia que me apoyó en todo momento, en especial a mi par, la Dra. Liliana Estela Bucci y a mi hija Donna Micaela Augusta Faccendini. Grandes mujeres, siempre adelante y nunca atrás de ninguna sombra.

Va mi profundo agradecimiento a la Dra. Cristina Carballo que me dirigió y apoyó para una metodología correcta de abordaje científico de los hechos. Desde ya agradezco también al Dr. Miguel Ángel Lacabana, al Dr. Guido Galafassi y a la Dra. Adriana Pereyra como así mismo a muchas personas que me enseñaron y apoyaron.

Agradezco el apoyo a los profesores de la Cátedra del Agua de la UNR en el quehacer cotidiano de la pedagogía del ambiente del agua.

Por último quiero subrayar que este trabajo se comenzó a pergeñar en el año 2012. La cuestión central de este texto es la ecología o ambientalismo inclusivo. Es decir, el ambientalismo inclusivo es la nueva totalidad que no totaliza, en el que todo tiene que ver con todo. Que no fragmentaliza la percepción. El análisis, por ende, debe ser complejo y profundo. La ecología inclusiva abarca la totalidad sin totalizar, en un proceso dialéctico. Donde cada acto político –y todo acto en general– es ambiental y que la diversidad biológica y los elementos inertes forman parte de una comunidad vinculativa de toda vida. El hombre debe dejar la centralidad monárquica y dar paso a la horizontalidad. Ambientalizar inclusivamente es que todos los habitantes de la Tierra y el Agua estamos conectados. No corresponde desambientalizar un problema amparándolo en cualquier disciplina científica. Todo problema es ambiental. La desambientalización de la escasez del agua, entre otras cuestiones, producto de la dominancia de la industria cultural, desjerarquiza, soslaya y antropocentriza un problema que es complejo, multidisciplinario, biocéntrico y por ende de la ecología inclusiva.

PREFACIO

Riccardo Petrella

La función específica de un investigador es trabajar en el análisis del mundo en que vivimos. Tener y generar métodos y herramientas para permitirnos "ver mejor" y "dar una clave" a los tiempos y espacios de la vida de los que somos parte y que son temas de construcción. Esto último con el fin de poder intervenir en la realidad (como vemos) para fortalecerla, o mejorarla, o incluso convertirla radicalmente. La relación entre la *naturaleza* y el *ser humano* es el foco de la nueva obra de Aníbal Faccendini. Se encuentran entre los más difíciles problemas a tratar porque ponen en juego muchos factores y relaciones. Esto explica la variedad y diversidad de las tesis que han sido la base de políticas que, especialmente en las últimas décadas, caracterizadas por cambios fuertes y rápidos en todos los campos, han alterado los tiempos y los espacios de estas relaciones y han puesto en crisis los conceptos consolidados. De ahí la trascendencia de examinar y comprender la naturaleza e importancia del comportamiento de los seres humanos y de la *naturaleza* que interviene en los diversos campos y lugares. El campo examinado en concreto por Aníbal Faccendini es el del agua y su escasez social. El lugar es un sistema urbano, el de la ciudad de Rosario, el segundo gran sistema urbano de la Argentina, en los períodos estivales de los años 2011 y 2012. Una de las *claves para leer* el caso examinado adoptado por el autor, es la comparación entre las formas de ver y las acciones realizadas a partir de lo "informado" por los medios locales. Una elección metodológica muy interesante, porque desde el principio el autor advierte al lector que lo que más pesa sobre nuestra vida es la forma en que se relata la vida, especialmente por parte de los medios, y cómo nuestras acciones son "evaluadas" de parte de los que controlan el relato desde las empresas mediáticas. Es decir, los que controlan desde "lo que dicen" y la "forma de contar" lo que sucede. Esta es la razón por la cual las nuevas redes sociales han dado lugar a nuevas esperanzas (y para algunos ilusiones) sobre su papel como instrumento de liberación de los poderes de influencia y control de los "señores de los medios".

La pregunta inicial de Aníbal Faccendini es simple y fundamental: ¿Cómo relataron los medios el hambre de agua en Rosario? ¿Cómo lo vieron e interpretaron? ¿Qué ideas y explicaciones han ayudado a llevar a cabo o desarrollar la imaginación y la percepción de la escasez social de agua en las juntas de los ciudadanos padecientes en Rosario? y, en particular, ¿cuáles fueron las percepciones y opciones de las élites sensibles a la opinión pública? y ¿cuáles fueron sus implicaciones políticas a nivel de ciudad? Para ofrecer una respuesta, el autor ha propuesto una secuencia de contenidos de su obra y, por esta razón, dedica los dos primeros capítulos del libro a una reconstrucción de las diversas concepciones y tesis sobre la relación entre la naturaleza y los seres humanos.

El autor aborda las concepciones iniciales basadas en el dominio de la naturaleza sobre la vida de los seres humanos. El hombre estaba fuertemente subordinado a la naturaleza (de ahí el predominio de la tesis naturalista) y en el principio de *la creación divina* para llegar a los tiempos modernos de la revolución industrial.

Con la revolución industrial, se produce el predominio de los seres humanos sobre la naturaleza (época del antropocentrismo). Todo esto manteniendo estrictamente la debida atención al papel desempeñado por las concepciones sobre derechos, obligaciones y responsabilidades (individuales y colectivas) de las instituciones públicas (Estados, organizaciones internacionales...) y privadas (en particular empresas y grandes grupos económicos multinacionales), uniones, confesiones religiosas, etcétera. Según Aníbal Faccendini, las narraciones de hoy son numerosas y contrastantes, así colabora en ello las decisivas influencias que han producido en nuestras percepciones el enorme progreso realizado en términos de conocimiento científico sobre la vida y el universo, así como las importantes revoluciones en términos de tecnologías (en particular, biotecnologías y tecnologías de la información y comunicación) y por consecuencia sus incidencias sobre los modos de vida y producción específicamente.

Las innovaciones en el transporte como así también las formas y contenidos en los modos de difundir, consumir, reciclar bienes, productos y servicios, también han influenciado y cambiado nuestras visiones. El proceso general descripto ha generado un aumento en la conciencia de la complejidad, la interdependencia y la integración cada vez más en densas interacciones entre la naturaleza y los seres humanos. Nos damos cuenta de que tenemos que superar la dicotomía entre la vida *naturaleza hecha* (el pasado) y la *vida artificial* (el presente y, para algunos, el futuro), así como todas las formas de reduccionismo (ecologista, conductista, totalitarismo vitalista y dogmático). Igual que lo planteado por el tecnologicismo, y el transhumanismo. El autor nos plantea que ha llegado el momento de aplicar varios enfoques, con una perspectiva compleja, holística e integral sobre el agua y su escasez. Dicho tema lo trata dentro de los tres últimos capítulos y en el final de su libro. Resultando ser un abordaje ejemplar. Que aborda la dinámica y los procesos temporales y espaciales, que demuestran la necesidad y urgencia de nuevos enfoques. El agua es vida, una vida construida (como es el caso del agua potable y el agua para la higiene en un sistema urbano) de las sociedades humanas, como procesos que son parte integral de la naturaleza, es decir, de la comunidad de vida global de la Tierra. Cuyas relaciones en la construcción permanente del ser humano son temas estructurantes integrados.

El autor describe en detalle, y denuncia, la ausencia de una concepción y visión socioambiental integral compleja en la narrativa propuesta por los medios de Rosario. Se impuso una clave dividida, fragmentada, "naturalista" (referencia preferencial a los fenómenos naturales para el agua *natural* de recursos) o "institucional/gestión" (populares, la ineficiencia de la dirigencia política, y los intereses en el corto plazo). Arriba así a una conclusión crítica, que confirma el valor y la relevancia del enfoque integral y complejo no solo a los fines de una mejor y correcta comprensión de la realidad, sino sobre todo, con respecto a la capacidad de las sociedades del siglo XXI para resolver por ellas mismas, problemas complejos e integrales.

Por todo ello, felicitaciones Aníbal Faccendini por este nuevo trabajo.

Bruselas, 16 de febrero de 2018.

PRÓLOGO

Leonardo Boff

El profesor e investigador Aníbal Faccendini es una persona conocida en la Argentina y en el mundo por ocuparse de forma intensa, científica, política y práctica del tema del agua. Ha creado junto a la Universidad de Rosario la "Cátedra del Agua" en la cual pasaron celebridades mundiales sobre el tema.

Ahora en este libro hace una feliz combinación entre una visión teórica de los distintos aspectos relacionados al agua con el problema sociológico, jurídico y político-administrativo en la ciudad de Rosario por el trato insuficiente de la escasez social del agua, de parte de la información dada por las empresas periodísticas, en los años 2011 y 2012 que fueron críticos para la sociedad rosarina.

En primer lugar, el autor constituye un abordaje teórico para entender el agua en el marco de lo que él llama "ambientalismo inclusivo e integral".

Sabemos que desde la más alta antigüedad hasta hoy se confrontan dos visiones: una que ve el ser humano como un invitado más a participar de la naturaleza preexistente de hace millones de años. El hombre, para ésta concepción, forma parte de esa totalidad. Y, no considerar al hombre como dueño que le permite disponer a su antojo de los demás seres de nuestro planeta. El ser humano debe respetar a todos los seres, porque tienen un valor intrínseco y todos juntos forman la gran comunidad de vida de la Tierra. El género humano tiene si una singularidad que es cuidar y guardar esta herencia sagrada venida del *Universo* o entregada por el *Creador*. Esto no le da el derecho de dominar y someter los demás seres. Sino que tiene convivir con ellos, protegerlos y hacerlos desarrollarse en toda su plenitud.

La otra concepción piensa al ser humano, como diría René Descartes, un *maître et possesseur* de la naturaleza, es decir, alguien "como maestro y dueño", que se siente fuera de la naturaleza y por encima de ella con un proyecto de dominarla y explotar todas sus riquezas (bienes y servicios, o las "bondades" como dirían los pueblos andinos) para su provecho.

El proyecto de la modernidad, nacida en el siglo XVII con los padres fundadores del paradigma moderno (Newton, Descartes, Francis Bacon y otros) tenían como centro la voluntad de poder y el poder entendido como forma de dominación sobre la naturaleza, también sobre los pueblos pertenecientes a América Latina, África, Asia y el mundo. Los seres no tienen valor en sí mismo, sólo en la medida en que sean útiles para el uso del ser humano.

Vale reconocer que esta segunda tendencia ha prevalecido. Nos ha traído grandes conquistas y facilitado nuestra vida, pero a la vez, ha creado una maquinaria de muerte con armas químicas, biológicas y termonucleares que nos pueden destruir a todos y evidentemente a la vida sobre la Tierra, nuestra Casa Común.

Todo esto viene discutido, citando varios autores reconocidos, en la obra de Aníbal Faccendini. Propone una alternativa que él denomina "el ambientalismo inclusivo e integral" porque no solamente se focaliza en el ambiente de flora y fauna, sino que involucra la sociedad, la política, los procesos educativos y éticos. Está muy en la línea de la encíclica del Papa Francisco "Laudato Si': sobre el cuidado de la Casa Común". Que no se trata de una Encíclica verde, sino de una ecología integral que abarca todos los temas, desde el ambiente, pasando por la sociedad, la política, la educación y la espiritualidad. Es lo que Aníbal Faccendini llamaría el "ambientalismo inclusivo e integral".

Curiosamente las críticas que el autor realiza contra el antropocentrismo u homocentrismo, coinciden perfectamente con lo que la Encíclica Papal también realiza.

No cabe resumir, en éste prólogo, todo su trabajo. Importante es decir que es una cuidadosa investigación de análisis y de síntesis con referencia a lo que llamamos hoy los *commons,* los bienes comunes naturales que no pueden ir al mercado porque son un don para toda la humanidad y para la comunidad de vida. Especialmente el agua que es un bien natural, universal, insustituible y vital.

Es importante leer esta investigación de Aníbal Faccendini por su seriedad y especialmente por las consecuencias que resultan para las políticas públicas con referencia a la escasez social del agua.

Petrópolis, 19 de noviembre de 2017

INTRODUCCIÓN

La falta de percepción ambiental del problema de la escasez social del agua por parte de las narraciones gráficas de los medios masivos de la ciudad de Rosario, es la cuestión central.

La construcción de representaciones por los medios gráficos sobre la escasez social no condice con la realidad ambiental. Esta reproducción perceptual mediática no contribuye a reflejar el grave problema urbano. Y menos, ayuda a resolverlo.

Esta reproducción medial de los sentidos sigue una visión antropológica divorciada del ambiente. Alejados de la postura, entre otras, de la Conferencia de Río 92 como así también del pensamiento ambiental latinoamericano expresado por varios autores como Carballo, Carrisoza Umaña y Gudynas entre otros.

El problema se constituye también a partir de que los medios no visualizan el biocentrismo, y se han quedado en una visión amputada de la realidad. Les falta insertar, no ya lo social, sino al hombre en el ambiente. Hombre y ambiente en unicidad. Predomina aún una sensibilidad mediática marcada por el antropocentrismo: el hombre se conecta con la naturaleza en el modo de exterioridad. Al estar el ser humano afuera del ambiente, lo que perjudica al ser humano no perjudica al ambiente. O, en sentido contrario lo que perjudica al ambiente no perjudica a las personas. De suyo toda esta percepción es heredera de la Ilustración y también del Neo positivismo. No escapa a este análisis, lo planteado por Adrián Zarrilli, cuando expresa que:

> ... las diferentes formas de organización social que se dan en una comunidad incluyen no sólo las relaciones de individuos, grupos, clases-que es lo que habitualmente se destaca en las ciencias sociales-, sino también los modos en que dichos individuos, grupos y clases llevan a cabo la apropiación de la naturaleza. (Galafassi y Zarrilli, 2002: 68-69)

Cuando la relación con la naturaleza es de conquista-apropiación, la concepción dominante entonces, es de ajenidad total del ambiente respecto al hombre. Para dicha concepción, implica que el ambiente no lo incluye, sino que está en exterioridad a él. Si el hombre está afuera, no se puede estar adentro. Si no está integrado, le resulta indiferente lo que ocurra con lo distante del ambiente.

Toda afectación o lesión colectiva al hombre, es de él, pero no del ambiente. Porque el sujeto está por fuera del ambiente.

La conquista y dominialidad del hombre sobre el ambiente es aún vigente. El conquistador nunca forma parte del objeto conquistado o a conquistar.

La profunda raíz cultural heredada y en vigencia, de separar al hombre del ambiente —y por ende de rechazar los problemas ambientales que aquejan al hombre inserto en la intersección espacio-temporal, produciendo consecuentemente una lectura del la problemática insuficiente y estólida— es la fragmentación del problema que tenga el sujeto, que no abarca en su totalidad.

Es denotable la herencia cultural dualista (hombre-ambiente) que tenemos como sujetos y sociedad. Y que los medios gráficos, en este caso, reproducen.

Así, podemos mencionar también que hay una fragmentación de representaciones y significados. Veamos, si un problema es jurídico, no puede ser, según la posición heredada y en vigencia, ambiental.

Definitivamente lo social se encuentra en lo ambiental. Y ello se convierte en una herramienta que nos habilita a analizar la realidad en forma multidimensional y compleja. He aquí las herencias culturales tan profundizadas y de ajenidad del hombre frente a la naturaleza.

La definición del problema estaría dada por:

1. La visión sesgada del ambiente; desde los medios de comunicación gráficos sobre los problemas sociales urbanos acerca la escasez social del agua en Rosario.

2. Esta carencia perceptual mediática impide analizar el problema desde una óptica de complejidad interrelacional y multidimensional. Y, de lesa ambientalidad.

La visión sesgada de los diarios, abona que la cuestión ambiental se reduzca a lo biológico y ecológico, por ende todo fenómeno que afecte al hombre será una cuestión económica, política, social o urbana, pero no ambiental. Esta visión reduccionista impide priorizar el problema ambiental de la escasez social del agua y ver el problema en todo su proceso.

Así, este reduccionismo va en desmedro de realizar o acelerar soluciones a estos graves problemas.

Si un problema, como el caso que nos ocupa, no es ambiental, quiere decir que no es una problemática colectiva, sino individual o, como máximo, de una zona. Se podrá ver cómo disminuye la magnitud de la temática. Ello no redunda en soluciones, sino en diletancia.

La pauta epistemológica y de abordaje por la que hemos optado es la de consustanciación del hombre con la naturaleza en un todo indiferenciado. Y, ante tal situación, toda afectación a tal unicidad es grave, porque daña a este escenario multidimensional con interrelaciones biofísicas complejas, que denominamos ambiente.

De suyo también, nuestra visión abriga la finalidad no sólo de que se respete el ambiente sino también que el hombre comulgue con él. Para ello, nos apoyamos en el biocentrismo desplazando al antropocentrismo. Porque lograr ambientalizar la vida, es cuidarla.

Este trabajo tiene una teleología clara, porque como decía Martín Heidegger "Todo buscar tiene su dirección previa que le viene de lo buscado" (Heidegger, 2004: 14). Y, nosotros tenemos una dirección previa que guía lo buscado, esto es que al formar parte el hombre del ambiente, cualquier afectación que se le haga a las personas, en este caso el no poder acceder integralmente al agua por carencia social y no física, es un problema ambiental y al serlo es de una gravedad mucho mayor que si fuera un conflicto económico o social; porque estaría afectando a todo un sistema multidimensional de interacciones complejas biofísicas. Algo que no se daría si así no lo fuera.

Viene en auxilio a lo que estamos planteando el gran pensador francés Edgard Morin, con el desarrollo no sólo del pensamiento complejo sino también con respecto a su "principio de la ecología en acción" (Morin, 2010:102-110). Este principio pone de manifiesto que una vez desarrollada una acción u omisión produce una concatenación de actos en el sistema, que puede o no responder a la intención primigenia. Esto nos permite percibir varias cuestiones: por una parte que el ambiente es un sistema, por otra, que toda acción u omisión del hombre produce resultados que pueden escapar a las intenciones iniciarias. La no inversión estatal para la distribución de agua sana, busca redireccionar dicha inversión a otros rubros, sin embargo, genera un daño ambiental por el problema social que ocasiona: la ciudadanía no accede al agua potable. Esta visión nos habilita a abordar el problema desde una visión holística, es decir complejamente ambiental. Asimismo, Cornelius Castoriadis, desde su concepto de "imaginario social" (Castoriadis, 2013), nos viene a plantear las problemáticas del significado. Todo un desafío, del que en parte se hace cargo este trabajo.

Por último, el presente trabajo de investigación está dividido en cuatro capítulos y una conclusión. En el capítulo 1 se realiza la evolución del ambientalismo desde un atropocentrismo como centralidad máxima hasta desembocar al actual biocentrismo. Lo cual resulta imprescindible para una necesaria concatenación, es decir con la centralidad de la vida en el biocentrismo. El capítulo 2 se trabaja sobre el examen de tres ejes: el análisis del discurso mediático como herramienta para construir una totalidad formal y sustancial como lo es el ambiente, las falencias disciplinares para su abordaje, lo que torna necesario recurrir a un diálogo entre muchas disciplinas y por ende, a una visión compleja de la temática. El capítulo 3 a partir de los marcos teóricos de los capítulos 1 y 2, señala las noticias de los medios gráficos en los meses de enero, febrero y marzo 2011-2012 de la ciudad de Rosario. Dónde se puede constatar y demostrar la carencia ambiental de los medios respecto a la escasez social del agua. Y, por último en el capítulo 4 se termina de demostrar la ausencia de una concepción ambiental totalizante respecto a la temática del agua y su escasez urbana.

ENUNCIACIÓN DE LA LESA AMBIENTALIDAD

El siglo XX fue el siglo de las grandes catástrofes ambientales. Por una exacerbación superlativa del homocentrismo depredador, derivativo en genocidios, pero también en biocidios. La secuencia de biocidios con la lesa ambientalidad (daño ambiental) es extensa. Si analizamos las guerras de 1914-1918 y la de 1939-1945, bajo la luz de una nueva concepción ambientalista integral e inclusiva, ya no son sólo de masacres humanas sino y también de lesa ambientalidad. Porque la especie humana es una de las especies vivientes de la comunidad de la vida. El hombre junto a los animales no racionales, la vida vegetal y los elementos inertes. Y, es a partir de ésta concepción abarcativa y compleja, que todo proceso político, bélico y social pasan también a ser una temática ambiental. Y el daño que se le produzca pasa a ser de lesa ambientalidad. Todo tiene que ver con todo. En la neomodernidad, se va superando el pensamiento fragmentario, acrítico y de irresponsabilidad sistémica de la posmodernidad.

La lista de catástrofes de lesa ambientalidad, producidos por el hombre son también un escándalo de índole ética ambiental.

En 1952 y 1958 accidentes nucleares en Chalk River, Canadá. En 1957 accidente nuclear de Mayak, en la URSS. En 1957 también en Windscale Pile en el Reino Unido. El caso de la intoxicación con gases de una planta química del 10 de julio de 1976 en la localidad italiana de Seveso. En 1979 otro accidente nuclear en Three Mile Island (EEUU). En 1980 accidente nuclear en la central nuclear en Saint Laurent des Eaux en Francia. El accidente nuclear de Chernobyl en Ucrania el 26 de abril de 1986, afectando de distintas maneras a cinco millones de personas con consecuencias mortales en algunos casos, en otras con consecuencias indefinidas e inciertas. En 1987 se produjo el accidente nuclear en Goiania (Brasil), un hecho de contaminación radiactiva. En 1999 se produjo un accidente nuclear en la planta de tratamiento de combustible de uranio en Tokaimura (Japón) y el 11 de marzo de 2011 se produjo el desastre nuclear de Fukushima (Japón), equiparable al de Chernobyl.

A otro nivel, podemos dramáticamente ver que 6 millones de personas mueren anualmente por distintas enfermedades generadas por el aire contaminado y 4 mil niños mueren por día por agua insana o por no acceso a agua segura. Y la enumeración puede continuar.

El concepto jurídico y sociológico de la lesa ambientalidad que hemos gestado, viene a cubrir una necesidad y una realidad. La lesa ambientalidad es una consecuencia no sólo del biocentrismo sino también del ambientalismo que hemos conceptualizado como inclusivo, que da cuenta sobre el daño ambiental a un todo que es el ambiente. Como plantea el Papa Francisco en la *Laudato Si'*, la pobreza y el negativo cambio climático son lesa ambientalidad.

La lesa ambientalidad son las acciones u omisiones del hombre como también las de las personas jurídicas, tácitas o implícitas, que lesionan grave o levemente al ambiente. Por ende, dicha lesión será objeto de sanción según su gravedad. Será grave cuando afecte en forma irreversible o por mucho tiempo al ecosistema o a una comunidad biológica. El impacto de la lesa ambientalidad grave debería ser un delito penal imprescriptible. Esta concepción totalizante del ambiente permite vislumbrar muchísimos actos de la humanidad que vemos aparentemente desarticulados e inocuos, pero que cuando lo podemos insertar en un sistema de vida, como debería ser, son percibidos en su nocividad para el buen vivir de todos los seres vivos.

La imprescriptibilidad de los delitos de lesa humanidad, tienen su prolongación en grado de superación, transformación y expansión a una nueva etapa que es la imprescriptibilidad de los delitos graves de lesa ambientalidad.

La lesa ambientalidad nos remite no sólo a una cuestión punitiva, sino también a una configuración cultural y sociológica. Porque se analiza el ambiente como una nueva totalidad y marca también un desafío actual e inédito, que es la de destronar al hombre de su narcisismo centralizado para salvarlo, para salvar la Tierra. Un nuevo humanismo surgirá a partir del descentramiento humano. Pero, más que ello, un nuevo y vital ambientalismo donde la focalización es la vida y los elementos inertes.

Todo lo político es ambiental y todo lo ambiental es político. El consumo tiene implicancias políticas. Y una vez más el derecho a la soberanía ambiental se abre paso, en medio del nuevo ambientalismo inclusivo.

La lesa ambientalidad jerarquiza el problema ambiental y obstruye el proceso de desambientalización que muchas veces los medios de comunicación y el Estado le imponen a la cuestión ambiental para quitarle prioridad e importancia.

También corresponde remarcar que esta visión que hemos generado pone límites al riesgo y a lo aleatorio. Porque resulta inescindible, la lesa ambientalidad abarca a la incertidumbre.

Este proceso breva en una evolución hacia el biocentrismo, haremos una breve síntesis que luego en el capítulo 1 se profundizará. Ya no hay otredad sino *notredad*.

Veamos el recorrido que desemboca en la lesa ambientalidad.

En el siglo XX, el conservacionismo referenciado en Leopold en su trabajo la "Ética de la Tierra" planteaba la protección del planeta, pero desde una posición de superioridad y exterioridad del hombre respecto al ambiente. Passmore, otro pensador, también seguirá manteniendo la superioridad del hombre sobre la naturaleza, aunque planteaba la protección del mismo. Como vemos, la centralidad era el hombre y no su casa biológica, de la que forma parte.

Naess, con su concepción de ecología profunda, es el que abre la puerta hacia la igualdad de vida en la diversidad. El hombre no es superior al resto. El hombre está inserto en el resto. Esta igualdad permite el ingreso del ser humano en el ambiente. Está en él y no sobre él.

A fines de los años 1980 del siglo XX toma nitidez el biocentrismo o ecocentrismo de Taylor. Plantea una concepción ambiental totalizante. La centralidad es la vida humana y no humana junto a los elementos inertes. La comunidad biológica, diversa, igualitaria de la Tierra es la prioridad.

Callicott, en su obra "En busca de una ética ambiental", nos señala la importancia que en el ambiente se respete el equilibrio de la vida de todas las especies. Y que toda especie tiene un propósito de realización. Hay igualdad y no superioridad para todos los seres vivientes.

Carballo, Galafassi, Zarrilli, Lacabana Carrizosa Umaña y Gudynas, entre otros autores, con diferentes visiones comulgan en un ambientalismo integral, plantean que el ambiente está compuesto también por los aspectos políticos, económicos, culturales e institucionales.

El curso de la visión sobre el ambiente que hemos realizado en forma sintética nos ha permitido apreciar la construcción del concepto de lesa ambientalidad. Es palmario que breva en el biocentrismo y en el ambientalismo integral.

La lesa ambientalidad tiene también un provecho concreto para el bien común y es que la comunidad pueda priorizar el problema ambiental, y que logremos que pueda posicionarlo en la agenda estatal, que pueda visibilizarlo y que el derecho acuse recibo de la necesaria imprescriptibilidad de determinados delitos ambientales.

Por último ayuda, y mucho, los derechos de la naturaleza de la Constitución de Ecuador de 2008. El ambiente un ser vivo con subjetividad jurídica. Titular de los nuevos derechos humanos para no serlos y ser titular de los derechos de la Tierra.

Estamos en presencia en forma asimétrica y simultánea, en una totalidad única y diferenciada en sí misma de la totalidad de la vida. Supera la química orgánica e inorgánica. Supera los conceptos anacrónicos de vida, respecto a la movilidad, autoreproducción y autonomía. Dónde hay átomos y moléculas hay vida.

El 15 de marzo de 2017 las autoridades de Nueva Zelanda declararon al río Whanganui como persona con derechos. Sujeto de derechos. Que tendrá dos representantes que defienden a esta nueva persona, uno por la comunidad originaria Maorí y la otra una representante del Estado. Era impensable adjudicarles derechos a los ríos. Nuevos derechos humanos de la Tierra. Por ende son los derechos ambientales del planeta. Ya no son humanos para ser de la vida toda.

La Corte Suprema del Estado de Uttarakhan en la India en abril de 2017 declaró que los ríos Ganges y Yamura son titulares de los mismos derechos que el hombre.

Los tres ríos presentan alto nivel de contaminación. Fue necesario, y acertadamente, sacarlo de la órbita del ser humano, autonomizarlo y ponerlos en la órbita del ambientalismo inclusivo. Ponerlos en la totalidad de la Tierra.

Algunos plantean que son los nuevos derechos humanos. Analizarlos así no deja de ser una visión patronocéntrica del hombre. Decimos derechos humanos, no será mejor plantearlos como los Nuevos Derechos de la Tierra.

Ya no debemos decir los derechos para tal o cual ser viviente en sentido lato, incluidos los inertes, sino los derechos de la vida integral como son los del río Whanganui. Porque sí decimos los derechos para el río Whanganui, hay alguien superior, el hombre patronocentrista que lo otorga. Sería un antropocentrismo por otros medios. Aparte si alguien lo otorga, también lo puede quitar. En cambio si lo visionamos como los derechos del río Whanganui, son derechos que surgen desde la naturaleza en clave autónoma del hombre. Son derechos *per se* desde la exterioridad del ser humano.

Es una tensión que deberá resolverse entre los nuevos, para algunos, derechos humanos y los Nuevos Derechos Integrales de la Tierra para otros.

Creo que el impresionante proceso que surge a partir de los derechos del hombre de 1789 y los de 1948 desbordaron los paradigmas modernos y posmodernos y es en la neomodernidad donde los Derechos Humanos para la naturaleza se transforman en los Derechos de la Naturaleza. Que también llamaremos los Derechos Integrales no para la Tierra, sino de la Tierra. Es de toda vida incluida en el planeta. Desde una totalidad jurídica dentro de una totalidad del ambientalismo inclusivo.

Diagrama evolutivo Nº 1

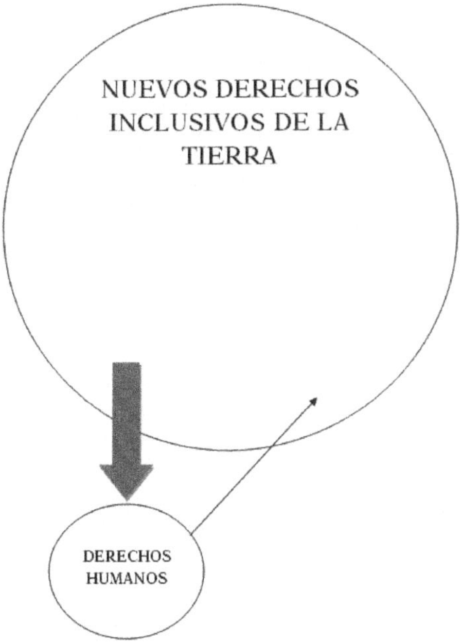

En el gráfico que antecede podemos observar que se establece una relación dialéctica desigual en clave de prevalecencia de los Nuevos Derechos de la Tierra.

Este salto epistemológico y sociológico, reconoce en la historia de la humanidad, distintas aproximaciones como lo fue el medioevo. Toda la naturaleza era un ser vivo. El hombre accedió a dicho entendimiento a partir del miedo y de lo inexplicable. Actualmente es a partir del conocimiento científico y también de la sabiduría de los pueblos originarios. Todo un avance.

Restarle tiempo a la soberbia humana es acercar a la humanidad la vida planetaria. Que existe dicha vida independiente del hombre, que no requiere de su consentimiento. Sí requiere que se desarme el hombre de la depredación insustentable y su crueldad.

Capítulo 1

EL AMBIENTE. DISTINTAS CONCEPCIONES. EVOLUCIÓN HACIA LA TOTALIDAD AMBIENTAL

En este capítulo analizamos la evolución de la concepción de ambientalismo. Desde fines del siglo XIX hasta la actualidad. Donde podemos observar al hombre como centralidad suprema y al ambiente en relación distante y de subordinación. Es decir la dicotomía hombre y naturaleza en su plenitud. Luego, la evolución de acercamiento entre sujeto y ambiente, hasta llegar a la integración total del hombre con el ambiente, no en el medio sino dentro y formando parte de él. El hombre es ambiente. Cuyo eje sustantivo de inclusión lo va a funcionalizar el biocentrismo. Donde la primacía es la vida de todos los seres.

1. COMPLEJIDAD DE LA TEMÁTICA

Esta visión crítica sobre la evolución del concepto y visión del ambiente desde fines siglo XIX hasta el presente nos va a llevar a una visión totalizante.

1.1. EL AMBIENTALISMO INCLUSIVO

La conceptualización de ambiente desde un punto de vista integral, amplio y abarcativo de todas las dimensiones de la realidad, corresponde a la etapa cronológica de la Tercera Modernidad. Este período abarca según el urbanista François Ascher (2004) desde el Estado del Bienestar hasta el presente (segunda mitad del siglo XX hasta la actualidad). El autor nos manifiesta que es una etapa que se caracteriza no sólo por una profunda mutación, sino también, por una reflexión permanente antes, durante y después de una acción que comulga con el criterio de riesgos e incertidumbres en la universalidad de fluidos de distintas índoles que se dan en la realidad, pero que confluyen en espacios comunes. La percepción del riesgo en la Tercera Modernidad resulta esencial en la consolidación del actual concepto de ambiente. La definición actual, ya no sólo abarca las dimensiones bióticas y abióticas, sino que da cuenta también y, necesariamente, de los factores sociales, políticos y económicos humanos. Todo ello atravesado por el biocentrismo. Resulta palmario el desplazamiento de la centralidad del hombre, para ser suplantada por la centralidad de la vida en sentido amplio. Este eje lo contiene al hombre y lo ambientaliza con y en toda la naturaleza, con su contextualidad biótica y abiótica.

Estas visiones del ambiente hoy coexisten y están presentes en nuestro medio social tanto como cultural, de modo indiferenciado, impactando en las formas de entender o comprender un problema ambiental.

Por ejemplo, todo acto político administrativo, social, jurídico y/o económico es también ambiental. Porque afecta en mayor o menor medida distintos aspectos de la vida social, además de los ecosistemas y recursos vitales como el acceso social al agua.

1.2. LA ESCASEZ SOCIAL DEL AGUA

La *escasez social* del agua actualmente es una realidad impuesta para muchas sociedades: 1) Es producto de la omisión de la administración pública. 2) Por ser la conjunción de factores y de enfoques sociales y de criterios de apropiación que dan cuenta de la escasez.

En principio se asume la responsabilidad social de la gestión del Estado en el acceso e infraestructura necesaria para acceder al agua. Es por ello que se recurre a la propuesta crítica de revisar la "escasez social del agua". En este plano la ausencia de agua potable es producto de actos políticos-sociales, y no de la naturaleza física.

Las acciones u omisiones del Estado, en materia de inversión afectan a la población, por ende afectan al ambiente. Es en este sentido que se plantea la situación de "lesa ambientalidad". Pues la "lesa ambientalidad" es toda acción u omisión del Estado o de seres humanos que afecta al ambiente. En todas sus dimensiones. No es sólo un concepto de derecho penal; sino fundamentalmente de la sociología y de las ciencias básicas naturales. La afectación que produce esta lesa ambientalidad podrá ser leve, grave, gravísima e irreparable. Así, para los daños graves y gravísimos la acción penal debería ser imprescriptible, tal como lo son los delitos de lesa humanidad.

Hay una opinión generalizada o por lo menos una visión consuetudinaria que la escasez siempre es natural; es decir, que se produce como la resultante de los climas secos, áridos o semiáridos. Por otro lado, cabe reconocer que es difícil para las poblaciones acceder directamente al agua, ya sea de napas, ya sea por la lejanía de ríos o fuentes de aguas dulces que exigen, en general, el empleo de algún tipo de trabajo o tecnología para su acceso.

En la concepción naturalista de la escasez, se esconde otra realidad, que es la escasez social, esto significa que los bienes hídricos están, y lo que falta son las acciones políticas para hacerlos accesibles como derecho humano universal y bien común para toda la ciudadanía.

1.3. LA COMPLEJIDAD DE LA TEMÁTICA

Este trabajo, tratará de exponer una perspectiva compleja de las noticias gráficas sobre la problemática de la falta o insuficiencia en el acceso al agua, y la falta de vinculación de esta problemática con el ambiente. Dicha situación, hipótesis mediante, surge del análisis de la narrativa gráfica de los diarios *La Capital*, *Rosario 12* y, *El Ciudad* en los períodos de enero a marzo de los años 2011 y 2012. Se parte de la realidad de la deficiencia y/o ausencia de políticas públicas ciudadanas. Se toma como caso particular lo que sucede en Rosario y su amplia región urbana. Para avanzar en este sentido en el complejo y abarcativo concepto de ambiente y de la interpretación local nos hemos valido de las clases y de la bibliografía específica de los seminarios de Geografía, Ética Ambiental, Problemas Ambientales, Derecho Ambiental, Historia Ambiental y, Urbanismo y Ambiente. En distinta medida se recurrirá al material sobre Evaluación de Impacto Ambiental y Economía Ambiental. Asimismo se incluirá material de Filosofía como así también de análisis del texto de las noticias de los diarios, y se ha recurrido a otra bibliografía.

Es importante denotar que la visibilización de la contaminación está "normalizada" como aquella que solo tiene incidencias químicas y físicas en el ecosistema y en la biósfera en general. Esta concepción, muy difundida por cierto, no incorpora el daño ambiental que producen las decisiones políticas y sociales. Es más, se encuentra naturalizado que si miles de ciudadanos no pueden acceder al agua, eso no es un problema ambiental, es sólo un problema social o económico. Con estas acciones y problemas se deduce el predominio de concepciones antropocéntricas que no ven a los humanos como una especie dentro del ecosistema, con sus necesidades primarias básicas y culturales que hacen a su especie y hábitat. Esta visión no condice, entre otras, con la propuesta de Lovelock respecto a la Tierra como organismo vivo, denominada por él, como *Gaia*.

Desde una perspectiva de ejercicio teórico en función del uso y explotación de los bienes de la naturaleza se plantea el presente ensayo, el que se organiza en tres momentos. En tal sentido recurriremos a la evolución del concepto y visión que ha tenido el hombre respecto al ambiente. Partiendo para ello desde el inicio del siglo XX hasta la actualidad.

Comenzamos con la concepción de ambiente en los orígenes del siglo pasado. En el inicio del siglo XX hasta la segunda mitad del mismo surgen los planteos que llamaremos sistémicos. Lo conceptualizamos de esa manera, porque abrevan en distintas características del sistema antropocéntrico. Esto es, la centralidad no es el ambiente, sino el hombre sobre el ambiente.

Luego abordamos la continuidad de la evolución del concepto de ambiente. Una ruptura con las posturas sistémicas antropológicas la constituyó la Ecología Profunda, que es constructora de una visión asistémica. Así la denominamos porque rompe con los planteos del sistema de supremacía humana sobre el ambiente. La Ecología Profunda lo aborda desde la vida como centralidad. Lo importante por ende es la autorrealización de la vida en comunidad con los otros. Es decir el hombre y las especies vivas en comulgación. He aquí la importancia de la biodiversidad. Esta corriente subraya, insistimos, que el hombre ya no es más el detentador de la supremacía.

Luego arribamos entonces, al biocentrismo. Viene a plantear por una parte la igualdad de la comunidad biológica. Así la vida humana y no humana, tienen su valor. Se establece una igualdad axiológica entre todos los seres. El rechazo al antropocentrismo es claro y total.

Después podemos ver el ambientalismo inclusivo. En esta parte se abordan aportes complejos que dan luz a los desafíos presentes. Es el ambientalismo multidisciplinario, complejo y abarcativo del ambiente en su totalidad.

También, en la instancia siguiente, podemos observar cómo el ambientalismo atraviesa y termina abarcando al espacio plenamente y por ende, a sus manifestaciones, entre ellas, la educación, el derecho y al urbanismo, entre otras muchas disciplinas. No puede haber ambientalismo sin espacio. A la inversa sí puede haber espacio sin ambientalismo.

El actual concepto de ambiente tiene una relación de intensa vinculación con el espacio. El ambiente del que hablamos atraviesa al espacio para ser a su vez también atravesado por éste. Siendo el espacio el que sostiene esta trama dialéctica.

A modo de ejemplo de lo planteado en el presente capítulo arribamos al caso de Rosario con datos de los períodos enero, febrero y marzo de los años 2011 y 2012, pero que resulta útil a partir de visualizar una situación concreta. Este caso nos sirve para poder aplicar en él, la concepción actual de ambiente inclusivo, es decir total e integrador. Aplicando al problema de este título un abordaje complejo e integral.

En todo este capítulo 1 hay un hilo conductor evolutivo desde el antropocentrismo inicial, pasando por el biocentrismo en sus diversos aspectos, hasta el ambientalismo inclusivo. Y, concluye aplicando esta última concepción a un caso concreto del acceso al agua. Así desde ésa visión, poder abordar y analizar la problemática de la narrativa de los medios gráficos de Rosario sobre la escasez social del agua en los meses de enero, febrero y marzo de los años 2011 y 2012.

2. EVOLUCIÓN DE LA CONCEPCIÓN DE AMBIENTE, DESDE LA ÉTICA, EN EL SIGLO XX. PLANTEOS SISTÉMICOS-ASISTÉMICOS. BIOCENTRISMO O ECOCENTRISMO

En este apartado presentamos como debate de ideas algunos aportes seleccionados de algunos autores. Uno desde el conservacionismo y el otro desde el antropocentrismo. Ambos autores responden a estas corrientes de pensamientos que coinciden en la supremacía del hombre sobre el ambiente. Mientras que con el planteo asistémico, porque rompe con el antropocentrismo, con la Ecología Profunda, comienza el llamado biocentrismo para desembocar en el ambientalismo inclusivo o integral.

2.1. EL CONSERVACIONISMO

El conservacionismo implicó el inicio de un acercamiento armonioso del hombre con el ambiente. Era conservar y preservar la naturaleza y que se tomara de ella lo necesario. Hete aquí su crítica al consumismo. Sin embargo, se seguía percibiendo al ambiente por fuera y desde la ajenidad del hombre. Era hombre-ambiente y no todo ambiente, así el hombre no era una especie más dentro de él. Indudablemente era de suyo una visualización antropocéntrica. Entre otros autores, Aldo Leopold representa esta corriente; pensador y activista ecologista. Nació el 11 de enero de 1887 en Iowa, Estados Unidos. Realizó estudios en la Escuela Forestal de la Universidad de Yale. En el año 1933 ejerció como profesor de Gestión en el Departamento de Agricultura Económica en la Universidad de Wisconsin-Madison. Murió el 21 de abril de 1948.

En 1949, post mortem, se publicó "Almanaque del Condado Arenoso" donde se encuentra su trabajo "Ética de la Tierra" sobre la naturaleza. Tal como se había constituido la ética como parámetro del bien y el mal en la relación entre los seres humanos.

Aldo Leopold en su trabajo establecía que:

> Todavía no existe una ética acerca de la relación del hombre con la tierra y con los animales y las plantas que viven de ella. La tierra, como las esclavas de Odiseo, todavía es una propiedad. La relación con la tierra sigue siendo estrictamente económica, se otorgan privilegios, pero no obligaciones... (Leopold, *La ética de la Tierra*. Recuperado el 28 de julio de 2014: 1)

El autor aportó un salto cualitativo no sólo desde el punto de vista conservacionista sino también respecto al biocentrismo. Empezaba a ponerse la centralidad en la vida. No sólo la vida humana. Leopold al pregonar en su obra, la ética como límite en la lucha por la existencia, instaura escrúpulos en la explotación y depredación sobre el ambiente.

Es insoslayable, no obstante las buenas intenciones del autor, que su postura seguía remitiendo a la dicotomía hombre-naturaleza. Aún para proteger la Tierra. No es el hombre inserto en el ambiente, como otra especie viva, sino el hombre y el ambiente desde una superioridad humana, configurándose así la dicotomía que plantea el divorcio entre el hombre y la Tierra.

Este pensador de la primera mitad del siglo XX, cuestionó y puso al desnudo, la relación dominial que ejerce la humanidad. Es decir, que el hombre sería el dueño del planeta. Esta cuestión de mimetización que hace la humanidad de sus relaciones jurídicas de propiedad privada sobre la biósfera, fue expuesta marcando la peligrosidad dañosa que ello significaba.

Ya vaticinaba no sólo lo antes señalado, sino también al consumismo y al uso de la tecnología sin ética, pone en riesgo al ambiente.

Está claro a partir de su experiencia en Wisconsin, sobre fortalecimiento de suelo, que los granjeros ante las buenas prácticas para la tierra, las mantuvieron mientras recibían apoyo del gobierno, y luego cuando no hubo más ayuda, tampoco hubo buenas prácticas. Dicha actitud pone de manifiesto las conductas mercantilizadas por la obtención de ganancias. Es muy difícil hablar de ambientalismo, sino se dan cambios de mentalidad referidos a tomar distancia de la lógica del cálculo, contrato y utilidad. Leopold, supo exponer este gran obstáculo. El otro obstáculo, insistimos, es el de trasladar las relaciones de propiedad privada del hombre sobre la Tierra.

2.2. ANTROPOCENTRISMO

Es una corriente no solo ética sino también multidisciplinaria.

Así es, el hombre como superioridad ante la Tierra. Desde una ajenidad y dominación sobre el planeta, puede la humanidad utilizar toda la naturaleza para los fines de satisfacer sus necesidades. Esta concepción remite a que la naturaleza es un gran *stock* como en un supermercado o *shopping* y el hombre tiene el derecho a servirse de ella. La única eticidad es la de dar respuestas a las necesidades de nuestra especie. La razón instrumental, la razón como un medio de dominación y conquista, es la que predomina en esta visión.

Hay dos versiones. Una es la del antropocentrismo fuerte. La responsabilidad del ser humano se circunscribe a satisfacer necesidades primarias, artificiales y suntuarias de la especie. Aunque con ello produzca la devastación de la Tierra.

La otra versión es la del antropocentrismo que incluye dentro de la responsabilidad del hombre, la de proteger la naturaleza. John Passmore, nació en Sidney, Australia, el 9 de septiembre de 1914, es uno de los representantes del antropocentrismo débil. Busca que el hombre desde su superioridad, extienda la responsabilidad hacia la naturaleza.

En su obra "La responsabilidad del hombre frente la naturaleza" (1974) y específicamente en su Capítulo 1 "El hombre como déspota", hace un recorrido desde las religiones judía y cristiana, dando cuenta de cómo el hombre es el ser superior de la naturaleza. Así, al valerse de los animales no racionales para comer, estaría el hombre habilitado por el Libro del Génesis, en la Biblia.

La ruptura de divinizar, sacralizar o al menos valorar la naturaleza esta signado en estas religiones abrahamanistas, por un motivo que abarca a todas: la creación de la naturaleza es de distinta entidad que la de su creador Dios.

No es igual Dios que la naturaleza. La relación es creador y creado, el Hombre fue creado, según la Biblia, a imagen y semejanza de Dios; ello significa que es el Hombre el que se asemeja a Dios. No la naturaleza. Ello le da también otra superioridad al ser humano.

En el antiguo texto bíblico se le da al hombre la función de "el cuidador del rebaño". Se cuida lo que está por debajo de uno para cuidar. Hay alguien potente que cuida y otro cuidado que es impotente. Esto también le otorga superioridad al hombre sobre el ambiente.

Por último, la religión cristiana potencia más aún la superioridad del hombre y su ajenidad sobre el ambiente, con Dios hecho hombre en Jesús. No lo fue sobre otro ser vivo la divinidad.

El paganismo ha divinizado la naturaleza, por ejemplo los druidas adoraban a los árboles. Los pueblos originarios sacralizan y respetan la naturaleza. Tal el caso de la "Pacha Mama" o "Madre Tierra".

El gran aportante al antropocentrismo lo fue también el renacimiento, la ilustración y el positivismo.

En el renacimiento, la evolución de las ciencias, fundamentalmente empíricas, con el impulso dado por Bacon y Descartes, permitieron ir sentando las bases de la conquista de la naturaleza por el hombre. Por consecuencia se consolidaba la superioridad de éste sobre el ambiente. Luego con la ley de la gravedad de Isaac Newton, Kant (Recuperado 18 de agosto de 2016: 7-20) expresaba que el hombre le dictaba leyes a la naturaleza. El camino se potenciaba hacia la superioridad del hombre en condición de exterioridad del ambiente.

La Revolución Industrial y luego el positivismo tanto de mercado como de Estado, terminó de consolidar un modelo basado en la superioridad del hombre, en la depredación sin límites sobre el ambiente y su condición de exterioridad y lejanía del hombre respecto a la naturaleza.

La Revolución Industrial, vino, entre otras cuestiones, a dar cuenta de cómo el hombre industrializaba la naturaleza depredando el ambiente. Se exacerbó a la naturaleza como proveedora de materias primas y fuente así de plusvalización del ambiente. El planteo entonces era: todo se puede industrializar, todo se puede comprar y todo se puede vender.

Este pensamiento respondía a la gran directriz cartesiana: cálculo y utilidad. ¿Se puede calcular? ¿Es útil? Si la respuesta era afirmativa, entonces se podía y se debía utilizar el ambiente como recurso en pos del progreso y por ende para obtener ganancias.

El positivismo que nació a fines del siglo XIX es resultante de la razón instrumental forjada en el iluminismo. Su planteo central es que la ciencia y la tecnología iban y van a solucionar los problemas del hombre y, actualmente, del ambiente. El progreso positivo y feliz es infinito.

Actualmente el neopositivismo tiene profundas influencias como por ejemplo en la línea de pensamiento de la economía verde.

Passmore a pesar del análisis crítico que realiza al pensamiento positivista tanto de Mercado, como en el caso Estados Unidos, como de Estado, como en el caso China, tiene una posición de crítica moderada y recomienda prudencia sobre el ambiente, sin cuestionar al sistema de industrialización y mercantilización de la naturaleza.

El autor en tal sentido manifiesta:

> Efecto directo de la tecnología agrícola e industrial ha sido el rápido deterioro de nuestra única residencia, la estrecha franja de tierra, aire y agua –la biósfera- en que vivimos, nos movemos y existimos. Es esto algo que hemos de admitir forzosamente: contamos con la evidencia diaria de nuestra nariz, paladar, ojos y oídos, y finalmente, con el testimonio de la investigación científica. Huelga pues añadir que sólo cambiando sus costumbres saldrá Occidente adelante...
>
> ¿Cambiarlas, hasta qué punto? Una cosa es afirmar que las sociedades occidentales, deben aprender a ser más prudentes en su actitud hacia las innovaciones técnicas, menos dilapidadoras de los recursos naturales, más

> conscientes de su dependencia de la biosfera, y otra muy distinta el sostener que sólo abandonando la concepción analítica y crítica, que hasta ahora había constituido su mayor mérito, e iniciando después la búsqueda de una nueva religión, una nueva ética, una nueva metafísica, podrá Occidente, dar solución a sus problemas ecológicos. Tal es la conclusión contra la que me dirijo -si no en su totalidad, sí al menos en esas formas más extremas que toman cuerpo en un misticismo, un autoritarismo, o un primitivismo-. Las tradiciones de Occidente, intentaré demostrar, son mucho más ricas, más flexibles, y están más diversificadas, de lo que los críticos admiten... (Passmore, 1978: 17-43)

En el fragmento transcripto Passmore, claramente expresa su pensamiento, prudencia al consumismo y al tecnologismo, y conciliación con el positivismo de Mercado y de Estado.

El autor, como vemos no tiene una visión totalizante e inclusiva del hombre en el ambiente. El hombre en función de exterioridad y superioridad sobre la naturaleza, no intenta ir a las causas de la problemática en la actualidad.

La posición clara de estos autores nos muestra varias cuestiones a saber, como síntesis:

a) La superioridad antropológica.
b) La centralidad con distintas variables es la del hombre.
c) Proteger la naturaleza con herramientas éticas como prudencia, el no consumismo y la no dilapidación de recursos y energías.
d) El hombre está por fuera del ambiente. No tienen una visión totalizante, abarcativa y multidisciplinaria tal como requiere la visión ambiental.
e) La visión no es de cambio radical del sistema cultural y de producción.

2.3. LA ECOLOGÍA PROFUNDA

Hacia finales del siglo XX, el modelo productivista y mercantilizado impuesto por la visión occidental frente a la naturaleza, empieza a expresar graves problemas ambientales. Hasta entonces masivamente se hablaba de otras cuestiones entre ellas las de la cuestión social. Va a ser a partir de fines de los 1960 hasta el presente, que se comienza a hablar de la cuestión ambiental como cuestión integral y totalizante.

La crisis del petróleo en dicha época, el informe del Club de Roma "Los límites al crecimiento", antes de la "Primavera silenciosa" de Rachel Carson, y el 9 de julio de 1976 con el desastre de Seveso en Italia por el escape de dioxina, fueron sucesos que plantean preocupación social por la problemática ambiental. A partir de estas experiencias se plantea otra visión del problema. Ello permitirá proponer otras ideas y una postura asistémica inicialmente planteada por los ecólogos, dando lugar a la Ecología Profunda.

El gravísimo daño ambiental de Chernobyl (abril de 1986) en Ucrania, ha marcado señales de alta preocupación y de exhortación al cambio en el sistema de utilidad y cálculo.

El 11 de marzo de 2011 se produjo el desastre nuclear de Fukushima en Japón, y ello nos interpeló a todos, exigiéndonos cambiar este modelo productivista y de alta mercantilización, enfocándonos hacia la sostenibilidad de naturaleza.

En este marco Arne Naess, filósofo y activista noruego, comenzó a plantear la necesidad de una ecología profunda o de largo alcance, que supere la ecología superficial o de corto alcance. Esta última operaba sobre la mitigación y por ende en sus consecuencias y no sobre las causas, por ello a esta última la planteó como Ecología Profunda.

Le dio, asimismo una espiritualidad a la problemática ambiental que no tenía. Pero lo igualmente importante e imprescindible es cómo al abordaje ambiental le dio un carácter interdisciplinario y complejo. Sin embargo, no queda allí. Naess va a ir por el biocentrismo y nos dirá que el hombre en un plano de igualdad, forma parte del ambiente con otras especies vivientes y elementos inertes.

La multidisciplinariedad, la igualdad e inclusión ambiental del hombre y el biocentrismo con que aborda los problemas ambientales, han permitido establecer un espacio de complejidad llamado ambiente, que ya no es, solamente la ecología como rama de la biología. Es muchas ciencias y disciplinas que estudian el fenómeno ambiental, que incluyen al hombre en un pie de igualdad con otras especies.

Naess interpela sagazmente a la razón instrumental. Cuestiona a la razón paradigmática y pragmática, hija del iluminismo, que resulta ser un instrumento de dominación sobre la naturaleza y sobre otros seres humanos, concepción que observamos como sustantivamente occidental. Como vemos no es la razón emancipadora y creadora, sino la razón como medio para someter, expoliar y conquistar. De la Escuela de Frankfurt, Adorno y Horkheimer van a ser los principales expositores de la crítica a la racionalidad instrumental.

La mayor exposición de la razón instrumental, es la potencial y efectiva barbarie de la civilización occidental. Así lo ha considerado Zygmunt Bauman en *Daños Colaterales. Desigualdades sociales en la era global* (2011).

El pensador noruego agrega a su ideario el respeto por la diversidad ecológica y cultural, por ello se preocupará de todos los seres vivos y los elementos inertes. No sólo del hombre.

Así plantea que el ser humano tiene y debe estar en armonía con el ambiente, no por encima, ni por afuera ni sobre éste. Sino dentro de él. La igualdad biocéntrica, todos los seres vivos tienen el derecho a existir, independientemente de la capacidad de autodeterminación. Es importante en su agenda la diversidad cultural.

Entonces, del dominio del hombre sobre la Tierra, lo coloca a la inversa el hombre al servicio de la Tierra y a la creencia de que los bienes terrenales son infinitos, plantea lo opuesto: que son bienes finitos.

Naess nos plantea definitivamente lo siguiente: La autorrealización de la vida, que se da en comunidad con los otros. El hombre y las especies vivas en comunidad. De ahí la importancia de la biodiversidad.

Respecto a lo espiritual y religioso sostiene que es importante y que fue dejado de lado por el cientificismo materialista. Y, que lo espiritual junto a lo material nos permite tener una visión integral del fenómeno ambiental.

Los principios del movimiento de la ecología profunda son:

> En esta línea los ocho puntos de la ecología profunda se proponen como una plataforma de concienciación ecológica de vocación universalista:
> 1. El bienestar y el florecimiento de la vida humana y no-humana en la Tierra tienen un valor intrínseco, con independencia de la utilidad que lo no-humano pueda tener para los propósitos humanos.
> 2. La riqueza y la diversidad de las formas de vida contribuyen a hacer realidad estos valores y son, por tanto, valores en sí mismos.
> 3. Los seres humanos no tienen derecho a reducir esta riqueza y diversidad, excepto para satisfacer necesidades humanas vitales.
> 4. El florecimiento de la vida y cultura humanas es compatible con un descenso sustancial de la población humana. El florecimiento de la vida no humana necesita esta disminución.
> 5. Actualmente la intervención humana en el mundo no-humano es excesiva, y la situación está empeorando rápidamente.
> 6. Por esta razón, las políticas deben cambiar. Estas políticas afectan a las estructuras básicas de la economía, la tecnología y la ideología. El estado que resulte será profundamente distinto del presente.
> 7. El cambio ideológico consiste principalmente en apreciar la calidad de la vida, más que buscar incrementar el estándar de vida. Habrá una toma de conciencia profunda de la diferencia entre lo grande (*big*) y lo importante (*great*).
> 8. Aquellos que suscriban estos puntos tienen la obligación de intentar realizar, directa o indirectamente, los cambios necesarios... (Iglesias, Recuperado 3 de agosto de 2014: 27-30)

La ecología profunda es la corriente de pensamiento que más ha contribuido al sostenimiento y fortalecimiento del ambiente como un todo, como la Gaia de Lovelock. Como un todo orgánico con vida humana, no humana, vegetal y elementos inertes. Ya no es el medio ambiente donde el hombre está en el medio.

La ecología profunda vino a plantearnos un gran desarrollo de que el ambiente es un todo y que nadie está afuera, ni desde lo físico, ni desde lo biológico ni desde la alienación o el extrañamiento.

La ecología profunda generó la idea basal del biocentrismo y también del ambientalismo abarcativo. Es imposible hablar de la concepción de ambiente integral sin incluir y subsumir el concepto igualitario del biocentrismo. Así lo comprendió y expresó Naess.

En síntesis los ocho principios de Naess a saber son: El bienestar y el florecimiento de la vida humana y no humana tiene un valor *per se*, independiente de la valoración que pueda hacer lo humano sobre lo no humano. Son valores en sí mismos que reflejan riqueza y diversidad, nosotros los humanos no tenemos el derecho a reducir esta maravillosa riqueza salvo para satisfacer necesidades humanas vitales. El florecimiento de la vida es compatible con una reducción de la población humana. La dimensión no humana necesita de esta disminución. Que tiene un doble sentido: aumento de años de vida y poblacional. La intervención humana en el mundo no humano es excesiva y está deteriorando esa dimensión. Por ello las políticas deben cambiar. El cambio ideológico resultará de apreciar la calidad de vida en contra de los estándares de consumo y diferenciar lo importante de lo grande. El octavo principio del autor nos interpela a comprometernos, cada uno en su ámbito, a realizar los cambios necesarios.

Por último en este fragmento de Naess, que reproducimos, manifiesta la tensión contradictoria entre un pensamiento profundo y un análisis escaso que muchas veces prevalece en la sociedad:

> El movimiento de ecología profunda pone en duda seriamente las suposiciones de la argumentación poco profunda. Incluso se cuestiona lo que se considera como una decisión racional, ya que lo "racional" es siempre definido con relación a objetivos y propósitos específicos. Si una decisión es racional en relación a los objetivos y propósitos más bajos de nuestra pirámide, pero no respecto al nivel más alto, entonces esta decisión no debería considerarse racional. ¡Este es un punto importante! Si una decisión política ecológicamente orientada no está relacionada a valores o fundamentos intrínsecos, entonces hay que demostrar todavía su racionalidad. El movimiento de ecología profunda conecta la racionalidad con un conjunto de fundamentos filosóficos o religiosos. Pero no se puede esperar que las premisas fundamentales constituyan conclusiones racionales. No existen premisas "más profundas" disponibles. El cuestionamiento de la ecología profunda revela entonces las orientaciones normativas fundamentales de las diversas posiciones... (Iglesias, Recuperado 3 de agosto de 2014: 27-30)

En este fragmento se constata cómo este pensamiento es a largo plazo, y cómo lo supuestamente racional de un pensamiento a corto plazo deviene irracional a la luz del ambientalismo. A modo de ejemplo la ecología poco profunda, nos plantea que el agotamiento de los bienes de la naturaleza, no es preocupante habida cuenta que podrá solucionarse mediante los avances científicos y tecnológicos. En cambio la ecología profunda nos planteará una actitud prudente de consumo y por ende de preservación del bien en cuestión.

El biocentrismo viene a plantear por una parte la igualdad de la comunidad biológica. Esto es decir, que la vida humana y no humana, tienen respectivamente su valor. Hay una igualdad axiológica entre todos los seres. Es claro el rechazo a todo antropocentrismo. La otra cuestión es el respeto y consideración a toda vida ajena a la del hombre. Igualdad más respeto y consideración, debemos agregar otra perspectiva que es la integración, interrelación y vinculación de todos los miembros de la sociedad biótica y abiótica. Es un todo vinculado, donde un acto en una parte afecta al todo.

Dos pensadores dan lugar, entre otros, a la base de ideas en este campo uno es Paul W. Taylor y el otro J. Baird Callicott.

2.4. EL BIOCENTRISMO DE PAUL W. TAYLOR

Taylor nos plantea la necesidad del respeto del hombre hacia la naturaleza. Ello, es muy importante porque el antropocentrismo sólo planteo el respeto a otros semejantes, pero no a la naturaleza. El biocentrismo reconoce derechos como el respeto a la naturaleza. En su obra de 1986 "Respeto a la naturaleza", el autor recurre a una percepción atomista, referido ello, a la vida de cada uno de los seres vivos y respeto a dichas especies humanas y no humanas. También es igualitaria, porque sostiene que cada ser vivo tiene un valor inherente sea humano o no. Con lo cual rechaza todo antropocentrismo. Todos tienen un igual valor. El biocentrismo repudia que un ser tenga un valor superior a otro. Su planteo es la igualdad valorativa.

En la ruptura con el homocentrismo, reivindicando al biocentrismo plantea la obligación que tiene el hombre de proteger y defender el bien de cada uno de los seres vivos no humanos, sea sensible o no, consciente o no, de dicha protección del hombre. Así lo podemos ver en los propios dichos del pensador:

> La idea que un ser tenga un bien propio, tal como la entiendo, no implica que ese ser deba interesarse en lo que afecta a su vida para bien o para mal. Podemos actuar a favor o en contra de un ser sin que éste se interese en lo que estamos haciendo por él en el sentido de que quiera o no quiera que hagamos... (Taylor, 2014: 271)

Queda claro entonces, que hay una obligación moral del hombre frente a los seres vivos no humanos. Proceso que resulta a todas luces, indiferente si el ser vivo no humano o vegetal, siente, requiere, necesita o pide protección para su propio bien. Este proceso desplaza claramente al homocentrismo, permitiendo el pleno desarrollo del biocentrismo.

El autor plantea que todo ser vivo tiene un "bien" y un "valor". Este distingo nos remite a lo siguiente: el bien es todo aquello que a la comunidad de los vivos, les preserva o les permite desarrollar la vida. Y, este "bien" es valioso para dicho ser vivo y para su comunidad. En palabras del autor nos manifiesta que:

> Decir que un entidad tiene un bien propio es simplemente decir que se la puede beneficiar o dañar Lo que es bueno para una entidad es lo que "le hace bien", en el sentido de mejorar o preservar su vida y su bienestar. Lo que es malo para una entidad es algo perjudicial para su vida y su bienestar. Pero también presupone un principio del valor intrínseco de acuerdo con el cual si una entidad pertenece a la comunidad de vida de la Tierra, independientemente de qué clase de entidad sea en otros aspectos, la realización de su bien es algo intrínsecamente valioso... (Taylor, op. cit.: 273)

La ética del respeto a la naturaleza, está basada en un conjunto de creencias, una actitud moral y pautas de carácter. La actitud moral se produce cuando toma la perspectiva que es el respeto, la forma apropiada y justa que puede tomar respecto a todas las formas de vida silvestre de la biósfera.

La visión biocéntrica, según Taylor, se basa en cuatro elementos que la componen:

a) La comunidad de la Tierra está integrada por igual tanto por humanos como por no humanos, sin distingos entre ellos respecto a sus orígenes ni de ninguna índole.

b) Todos los ecosistemas naturales del planeta están interconectados como una red. Donde el buen funcionamiento biológico de cada uno de sus integrantes tiene vínculos directos con el buen funcionamiento biológico del resto.

c) Cada organismo individual tiene su funcionalidad teleológica, de perseguir un fin, en forma individual de realizar la vida a su modo.

d) Por resultado de lo anterior expuesto, nos señala el autor, debemos rechazar la superioridad humana por irracional.

Paul W. Taylor manifiesta que:

> La comunidad de la Tierra, está conformada por seres vivos humanos y no humanos en un carácter de igualdad sin ningún distingo entre ellos. Todos los ecosistemas de la comunidad de la Tierra están vinculados de tal modo que el bien de uno de sus integrantes impacta positivamente en otros y en la totalidad de la comunidad. Y, por ende, el biocentrismo rechaza toda superioridad del ser humano respecto a la naturaleza... (Taylor, op. cit.: 273)

Reiteramos que el autor enfoca su biocentrismo, también desde una óptica atomista y comunitaria, porque es individual por cuanto extiende la consideración ética y moral a cada uno de los seres vivientes. A su vez, esta situación se daría en una contextualidad comunitaria. De tal modo que todas las parcialidades son exactamente iguales. Podemos comentar que al imputar el mismo valor a cada uno de los seres humanos y no humanos, el nivel de conflictividad aumenta, como bien lo señala Jorge Issa.

En la comunidad biótica, la igualdad, la diversidad, la protección del hombre hacia otros seres vivientes no humanos y del mundo vegetal, marcan profundamente el sesgo del biocentrismo.

2.5. JOHN BAIRD CALLICOTT

El pensador estadounidense, bregó siempre y realizó todas sus actividades para lograr una ética ambiental. De claro contenido biocéntrico y comulgando en gran parte con Leopold. Es muy importante su aporte al biocentrismo no sólo desde su visión en otras áreas, sino también como aporte a una ética biocéntrica.

¿Qué es lo correcto ambientalmente hablando? Callicott responde tomando el criterio de Leopold, de que lo correcto es aquello que permite mantener el equilibrio o por lo menos preservar la vida de un ser vivo.

En su obra "En busca de una ética ambiental" parte de una profunda crisis ambiental. Las divide en locales y regionales y las globales. Estas crisis globales son tan expansivas que podría afectar la biósfera. Así las denomina como "biocidio".

Por lo tanto, una ética ecocéntrica, tiene que ser holística, integral, que abarque entre otras cuestiones, la cadena trófica.

El autor critica las posiciones éticas extensionistas (antropocéntricas) de primer nivel de reconocimientos a los derechos de la naturaleza y las de segundo nivel, que sería tomar lo de Naess para la autorrealización, que se torna impracticable.

Callicott nos plantea una ética ambiental de carácter holístico y claramente, no antropocéntrico. Por ende su biocentrismo o ecocentrismo es abarcativo del todo, superando la visión judía y cristiana, que como dijimos antes, señala una ética extensionista (la del hombre, extendida a otros animales no humanos), pero que es insuficiente e incompleta. Así, el extensionismo de Peter Singer que extiende los derechos morales a animales con capacidad de sentir placer y dolor, también es insuficiente, incompleta y parcial. Y, el biocentrismo de Paul Taylor, según Callicott, al centrarse en los "teleológicos centros de vida" cristalizados en entidades individuales, también es parcial. Ante todos estos planteos, el autor sostiene, trascender estas parcialidades abriendo la perspectiva hacia entidades trans-organísmicas: cadenas tróficas de especie, comunidades interrelacionadas y adecuada ética ambiental. Que debe ser holística y ecocéntrica. Por ende integral y superando las parcialidades manifestadas por el pensador.

Callicott, considera muy grave la crisis ambiental, motivo por el cual habla de "biocidio" por los graves daños ambientales a la vida en sentido lato. Por consecuencia establece cuatro criterios para evaluar las diversas éticas:

> 1) Consistencia, tanto interna como con una visión científica de la naturaleza; una ética ambiental consistente en sí misma que no es a la vez consistente con la estructura completa de las teorías científicas –en especial la biología evolutiva y ecológica, en la cual se interpreta y se percibe a la destrucción ambiental como un problema moral– no será más persuasiva o aceptable que una internamente incoherente.
> 2) Adecuación, que es la capacidad de una ética ambiental prospectiva para reconocer y abordar directamente como cuestiones morales específicas aquellos problemas que, tomados en conjunto, constituyen la crisis ambiental; ... una putativa ética ambiental será inadecuada y por tanto inaceptable si no puede abordar directamente o reconocer como problemas de naturaleza moral aquéllos que en conjunto conforman la "crisis ambiental": polución atmosférica e hidrosférica global; erosión del suelo; y simplificación, degradación y desestabilización de las comunidades bióticas locales traducidas en biocidio: extinción masiva de especies y empobrecimiento biológico.
> 3) Practicabilidad, a saber, la libertad, el espacio que se nos da para que podamos vivir y vivir bien con las limitaciones que nos impone la ética ambiental en cuestión.
> 4) Parquedad, o sea, la economía en las suposiciones e ideas que componen los fundamentos que se necesitan para construir una ética ambiental... (Callicott, op. cit.:107, 108, 154)

Callicott, con estos cuatro criterios, desnuda la insuficiencia de la ética cristiana y judía (extensionista) así también de la ecología profunda por su carácter metafísico y poco científico.

En síntesis hemos podido observar dos corrientes del biocentrismo: la de Paul W. Taylor y la de J. Baird Callicott. El punto en común es que ambas pregonan el ecocentrismo desplazando al homocentrismo. Un gran avance. Son continuadores, con diferencias y vicisitudes, de ese gran camino que es el biocentrismo. Taylor sostiene el "bien" y el "valor" para priorizar la importancia del bien de los seres vivos y la valiosidad para ellos de ese bien. Callicott en cambio hace hincapié contundentemente en una visión integral y holística que abarque el todo del ambiente y no sólo unidades teleológicas, sostenidas por Taylor.

3. AMBIENTALISMO INCLUSIVO. EL ESPACIO DEL AMBIENTE Y EL AMBIENTE DEL ESPACIO

En esta parte analizamos los aportes ambientales que abordan la totalidad del espacio y que dan luz a los desafíos presentes.

3.1. DERECHO HUMANO DE LOS BIENES

Gómez Orea, nos recuerda que la propiedad sobre la naturaleza puede ser pública, común y privada. Siendo para nosotros, muy positivas y eficientes, la propiedad pública y común sobre los bienes del ambiente. Así el agua debe ser de propiedad pública y un derecho humano universal.

El autor nos da una definición de ambiente, de forma integral y totalizante de la realidad:

> ... es el entorno vital: el sistema constituido por los elementos físicos, biológicos, económicos, sociales, culturales y estéticos que interactúan entre sí, con el individuo y con la comunidad en que vive, determinando la forma, el carácter, el comportamiento y la supervivencia de ambos... (Gómez Orea: 37-60)

Esta definición incluye la dimensión social, jurídica, económica y política que forma parte del ambiente. Así, podemos conjugar el biocentrismo, la igualdad de derechos de los seres vivos y la naturaleza y la totalidad de las dimensiones de la compleja realidad.

Esta definición nos permite operar sobre la realidad ambiental, no desde un simplismo que se agota en sí mismo e impide su desarrollo. No desde una visión monocausal, sino desde el pensamiento complejo por ende interdisciplinario, que aborda la problemática santafesina desde lo multicausal entre ellas, falta de políticas públicas sustentables, no prioridad de agenda pública, acostumbramiento de los actores de la comunidad, no visibilidad electoral del problema y no conciencia de la afectación a la salud, el impacto de arsenicismo abarca período de diez años. Todo ello sumado a que las ciudades más grandes tienen agua garantizada, y que son también las que tienen más peso electoral, nos va completando el escenario de esta constante lesión ambiental.

3.2. VISIÓN COMPLEJA

Debemos concatenarlo con lo planteado por Carrizosa Umaña (2000: 12) no tenemos que caer en la separación kantiana de lo ambiental y social. Lo social es ambiental. No debemos confundir una necesidad positivista gnoseológica de estudio y distanciamiento del objeto a estudiar con la complejidad holística del ambiente. Esta dualidad, ha sido muy cara al ambientalismo, al hombre y a la vida sobre el planeta. Todo distanciamiento es para auditar, escrutar y diseccionar cartesianamente al objeto de estudio. Se conquista la otredad, no al nosotros, sino a los otros. Lo otro, la alteridad es la naturaleza. El hombre de la modernidad capitalista establece una relación de conquista y dominio sobre la otredad natural. Plantea el autor, que Marx en Manuscritos Filosóficos y Económicos y en la Ideología Alemana, establece claramente la relación dialectal del hombre con la naturaleza, el hombre está inserto en la naturaleza y forma parte de ella. El hombre es naturaleza.

Si lo otro, somos un nosotros, cuidar la Tierra es cuidarnos al cuidarla.

3.3. LA INCERTIDUMBRE

Silvio Funtowicz, aborda el caso Seveso de 1976 y la contaminación de la dioxina (desfoliante) *agent orange*. Deriva en el problema de incertidumbre, riesgo y comunicación. Allí el autor nos manifiesta que incertidumbre es cuando un evento que no tiene atribución de probabilidad y riesgo, le podemos imputar probabilidades de que acontezca. Convivir con la contaminación ambiental como el no acceso al agua y cloacas en Santa Fe, implica un riesgo en la salud pública, que deviene en certidumbre. Lo grave es cómo no se difunde sistemáticamente el problema riesgoso cuasi certero de esta lesión ambiental que vulnera, entre otras cuestiones el desarrollo sustentable, porque está comprometiendo generaciones presentes y futuras. Dónde impactantemente no se lleva un registro estadístico epidemiológico de enfermedades hídricas y por falta de desagües. Hay conciencia de riesgo, si hay sistemáticamente información como plantea el autor.

3.4. LA VISIÓN INTEGRAL

Gudynas E. (1992) nos ayudará a entender en nuestra región y en nuestro ambiente, la realidad de las distintas corrientes ambientalistas en nuestra comunidad latinoamericana. A fines de la segunda mitad del siglo XX, los neoliberales, constituyeron movimientos ambientalistas conservacionistas, conservar los bienes naturales por su riqueza económica y crecimiento económico. Tiene un carácter de conservación y administración de flora y fauna, el hombre es superior a la naturaleza y escindida de ella. Gudynas, nos planteará otras corrientes contra hegemónicas que visionan al hombre dentro e integrando al ambiente, que tiene una concepción integral ambiental, donde toda justicia social es justicia ambiental. Cuando hay sed, hambre y desocupación, hay degradación ambiental y lo lesiona.

3.5. LA PERCEPCIÓN

Tomando conceptos de la Dra. Cristina Carballo y de L. Simeone, acerca de que la percepción de un problema ambiental, es la capacidad de captar la acción (u omisión) desplegada de personas en el espacio físico. Y, el problema ambiental se vuelve social, cuando cuali-cuantitivamente repercute y se involucra sobre muchas instituciones y personas. Siguiendo a estos autores tenemos:

- El ambiente abarca el todo.
- El hombre forma e integra el ambiente.
- Toda lesión al hombre es de lesa ambientalidad. Todo daño a la vida vegetal, a los animales racionales y no racionales. Como así también a sus relaciones y a todos los elementos inertes constituyen una lesa ambientalidad.
- La escasez social del agua, al ser manipulada y generada por la sociedad, en desmedro de los sectores más vulnerables, produce un daño ambiental, una lesión ambiental.

Es indudable que con el desarrollo del ambientalismo, se ha avanzado hacia un pensamiento complejo y multidisciplinario.

Actualmente a un fenómeno ambiental se lo aborda desde distintas disciplinas. Se torna un objeto de estudio complejo y dinámico. Es un análisis abarcativo e integrado, donde el hombre cedió su centralidad, para integrarse al ambiente en pie de igualdad con los otros seres vivos y elementos inertes.

Los autores trabajados nos permiten en primer lugar, ratificando lo anteriormente dicho, configurar al hombre no por fuera ni en el medio sino dentro del ambiente en forma integral. También se plantea deconstruir la dicotomía kantiana sujeto-objeto. Dicha ecuación se diluye porque no da cuenta de la complejidad ambiental. Porque no responde a la realidad compleja. Se toma en consideración la incertidumbre que no tiene la atribución de que acontezca a diferencia del riesgo que sí tiene probabilidad de ocurrencia. Esta situación dubitativa es importante porque permite no asumir seguridades plenas ante situaciones ambientales complicadas. Permite un espacio de reflexión. Permite estar en situación de atención. La incertidumbre es la base del principio de precaución y prevención ambiental.

La visión integral viene a enriquecer sustantivamente el análisis complejo del fenómeno ambiental. Esta visión integra definitivamente al hombre en igualdad con los otros seres y también respecto a todas las dimensiones. Todo acto jurídico, social, político o económico es ambiental: toda justicia social es justicia ambiental.

Por último toda la complejidad de un problema ambiental tiene que ser percibido, detectado y connotado. Porque el problema ambiental se vuelve social, cuando cuali-cuantitativamente repercute y se involucra sobre muchas instituciones y personas. Pero más importante es poder detectar la acción u omisión desplegada de personas en el espacio físico.

El ambientalismo atraviesa y abarca al espacio plenamente y por ende a sus manifestaciones, entre ellas, la educación, el derecho y al urbanismo entre otras muchas disciplinas. No puede haber ambiente sin espacio.

El actual concepto de ambiente, de cuya evolución trata este ensayo, tiene una relación de intensa e imprescindible vinculación con el espacio. El ambiente atraviesa al espacio para ser a su vez también atravesado por éste. Siendo el espacio el que sostiene esta trama dialéctica continente-contenido, cuya síntesis da como resultado el carácter abarcativo e integral del ambiente.

3.6. EL ESPACIO Y LA DIALÉCTICA SOCIAL

Milton Santos nos va a plantear la relación dialectal que existe entre el espacio territorial y las relaciones e instituciones que se asientan en él. Marcando así un todo ambiental, territorio, marcos relacionales, institucionales, medios y modos de producción en su vinculación intrínseca con la naturaleza. Donde se produce una metamorfosis permanente entre todo lo dado y construido. Entre la naturaleza y lo construido.

En "Metamorfosis del espacio habitado" expone como la metamorfosis de lo dado y construido habilita a la configuración del espacio.

El espacio contiene al ambiente. Tal es así, que nos plantea "... que el espacio es la datación empírica del tiempo y el tiempo es la datación empírica del espacio..." (Santos, 1978: 22-40).

Así, el original pensador del espacio nos comenta en su obra que

> La cuestión del espacio habitado puede abordarse desde un punto de vista biológico, por el reconocimiento de la adaptabilidad del hombre como individuo a las más diversas altitudes y latitudes y a los climas más diversos [...] El fenómeno humano es dinámico y una de sus formas de afirmarlo está exactamente en la transformación cualitativa y cuantitativa del espacio habitado... (Santos, op. cit. 22)

Ahora bien queda claro que la transformación del espacio se da en una interacción ambiental profunda, no desde la exterioridad del hombre, sino, en interioridad con el ambiente, dentro de él como ser vivo entre otros seres vivos y elementos inertes.

Milton Santos respecto al espacio nos decía que:

> El espacio debe considerarse como el conjunto indisoluble del que participan, por un lado, cierta disposición de objetos geográficos, objetos naturales y objetos sociales y por otro, la vida, que los lleva y anima, la sociedad en movimiento [...] El contenido (de la sociedad) no es independiente de la forma [...] cada forma encierra un conjunto de formas, que contienen fracciones de la sociedad en movimiento... (Santos, op. cit.: 27)

Es connotable como interrelaciona todos los elementos del territorio. Cuyo resultado es el ambiente en un todo.

El hombre no está en el medioambiente, se encuentra inserto en el ambiente. Forma parte de él en igualdad de condiciones que otras especies vivas.

3.7. AMBIENTALIZACIÓN DE LA EDUCACIÓN

El desarrollo pedagógico del ambiente fue un espacio que dejaba reflejar las tensiones antropocéntricas y biocéntricas.

Desde la ilustración, pasando por el mecanicismo cartesiano de la especulación de utilidad y cálculo, la humanidad poco a poco empezó, ante los desastres ambientales, su prelatura con la naturaleza.

Pero, esto va a tener tres directrices muy marcadas a saber:

1. El largo proceso, no concluido, de ruptura con el positivismo de estado y de mercado. Recordemos que sostienen que con la ciencia y la tecnología resolverían los problemas ambientales.
2. También lento proceso de concientizar, que el hombre está inmerso en el ambiente. No es ajeno a él. El hombre es ambiente en interacción.
3. La otra directriz es la del biocentrismo. El hombre no es el propietario del ambiente. Es una especie entre otras.

Vamos a mencionar, casi cronológicamente, las influencias internacionales sobre la temática educativa ambiental en el país. Podemos detectar varios hitos a saber: a nivel internacional la Conferencia de Estocolmo de la ONU de 1972, antes en 1968 en Gran Bretaña se constituyó el Consejo para la Educación Ambiental. Fecha que será el punto inicial en lo pedagógico. En 1970 se declara el Año Europeo de la Conservación. En 1973 el Programa de Naciones Unidas para el Medio Ambiente dejará su huella. La Conferencia de Mar del Plata de 1977 sobre el agua. El informe Brundtland sobre desarrollo sostenible, concepto luego tomado en la Cumbre de Río de 1992.

Su influencia va a desembocar en Argentina, cuando los conceptos de medioambiente, desarrollo sostenible y el derecho a un ambiente sano fueron introducidos en la Ley Magna, en la Constitución Nacional de 1994. Situaciones nunca antes tomadas en consideración.

La Ley General del Ambiente es una ley marco, mínima a complementar por las provincias, data de 2002. Las leyes de residuos peligrosos y luego de tratamientos industriales, fueron importantes.

Estas situaciones van a dar impulso a la educación ambiental, que siguiendo al ambiente, marcará varios abordajes y caracterizaciones a saber:

a) Es multi y transdisciplinaria.
b) Pertenece al pensamiento complejo.
c) Requiere de un basamento holístico.
d) Es esencialmente transversal, porque hace a la biósfera misma.
e) Es un derecho pero también una concepción filosófica biocéntrica y no antropocéntrica.
f) Los principios de prevención y precaución sobre la contaminación ambiental. Hacen al fundamento de la educación ambiental. Prevenir antes que reparar.
g) También marca la tensión entre la educación especializada ambiental y la difusión ambiental para generar concientización.

3.8. AMBIENTALIZACIÓN DEL DERECHO

La reforma constitucional de 1994 significó un avance muy importante cuando se estableció en nuestra Carta Magna el artículo 41, esto es el derecho a un ambiente sano. El plexo constitucional establece:

> Todos los habitantes gozan del derecho a un ambiente sano, equilibrado, apto para el desarrollo humano y para que las actividades productivas, satisfagan las necesidades presentes sin comprometer las de las generaciones,

> futuras, y tienen el deber de preservarlo. El daño ambiental generará prioritariamente la obligación de recomponer, según lo establezca la ley... (Armagnague, 1999: 205-209)

Esta normativa, tiene aspectos positivos. Primero, porque era la primera vez en Argentina que en un texto constitucional se establecía un derecho de tercera generación tan vital e importante. Segundo, toma el concepto de desarrollo sustentable de la Conferencia de Río de Janeiro de 1992 y antes de 1987, del Informe Brundtland. También se tomó conciencia ambiental de la conferencia de Estocolmo de 1972 (Conferencia del hombre y la biósfera). Así constitucionalmente se consolidó el concepto de desarrollo sustentable, que implica tomar conciencia de todo el ambiente, también de la finitud de éste y ser solidario con las generaciones futuras. Tercero, establece ante el daño ambiental la obligación de reparar, que es más importante que pagar.

El artículo 43 de la Constitución Nacional, previó instituir un instrumento eficaz de naturaleza procesal, nos referimos a la acción de amparo.

La Ley General del Ambiente (LGA), estableció importantes principios. No solo de desarrollo sustentable, sino también principios de prevención y precaución, con una teleología de que el hombre está inserto en el ambiente y no fuera de él.

Podemos mencionar otras normas protectivas del ambiente como:

- La Ley N° 25.509 establece el derecho real de superficie forestal.
- El decreto 1332/2002 establece el Programa Social de Bosques a favor del desarrollo sustentable y la organización y la participación comunitaria.
- A nivel internacional la Declaración de Principios sobre Bosques de la Cumbre de Río de 1992, que es no vinculante.
- El Convenio sobre Comercio Internacional de Especies y el Convenio sobre Diversidad Biológica tienen principios e institutos de aplicación a la protección de los bosques.
- Actualmente, a nivel nacional tenemos la Ley de Presupuestos Mínimos de Protección de Bosques Nativos, nacional es la Ley N° 26.331 publicada en el Boletín Oficial en vigencia a partir del 4 de enero de 2008.

El otro bien jurídico protegido, que expresa la Constitución Nacional, es el artículo 75 inciso 17: sobre la preexistencia étnica y cultural de los pueblos indígenas argentinos. Sus derechos inalienables e imprescriptibles a la tierra. Sus derechos a la identidad. Estableciendo una competencia concurrente con las provincias en la materia.

Es notable que toda norma jurídica ambiental, es generada y es generadora de una política de administración pública que se direcciona a un marco administrativo extra-muro de la gestión pública. Lo ambiental ha irrumpido en la administración pública, exigiendo respuestas eficientes, eficaces, estratégicas y tácticas ante la problemática ambiental. Hasta la primera mitad del siglo XX, la administración pública no era objeto de interpelación ambiental, ni hacia dentro ni desde la sociedad hacia el Estado. Actualmente es una cuestión esencial hacia dentro y desde la sociedad hacia la administración pública. O sea la agenda ambiental interpela a la gestión pública, en dos directrices que no necesariamente se combinan. Este desafío pone en el tapete la cuestión de eficiencia y eficacia del Estado, que autores como Oszlak, Felcman y en su momento Crouzier plantearon y plantean como mejorar la administración pública.

La normativa jurídica ha implementado la Evaluación del Impacto Ambiental (EIA) como instrumento del Estado para proteger al ambiente:

> La EIA es un proceso destinado a mejorar el sistema de toma de decisiones sobre la base de considerar si políticas, programas o proyectos pretendidos resultan ambientalmente sustentables… (Martínez, Iglesias, Rosenfeld, 2005)

La EIA es instrumento previsto en la LGA que hace al principio y objetivo del desarrollo sustentable.

Surge a todas luces que la normativa mencionada, tanto la constitucional como de leyes, vienen apuntalando un criterio, que se acerca al biocentrismo. Sin embargo, son más contundentes al considerar al hombre como inmerso en el ambiente. Rompe así con la ajenidad del hombre planteada por el antropocentrismo.

Falta entonces para lograr la simetría: ambientalismo con biocentrismo en nuestras normas. Pero se ha avanzado.

Cada vez queda más claro que toda lesión a los seres vivos es una lesión ambiental.

Se puede observar en el diagrama N° 1 explicitado más abajo, de la obra de Etchechuri H, Ferrero R & Bergoy, G (2002) Evaluación de Impacto Ambiental, las distintas vicisitudes de abordaje del impacto sobre el ambiente de distintos actos humanos. Todo un avance frente al antropocentrismo y un desarrollo importante en sentido del ambientalismo inclusivo o integral. Sin lugar a dudas, ésta última concepción heredera del biocentrismo (Etchechuri, Ferrero, Bergoy, 2002: 59-150).

Diagrama Nº 2

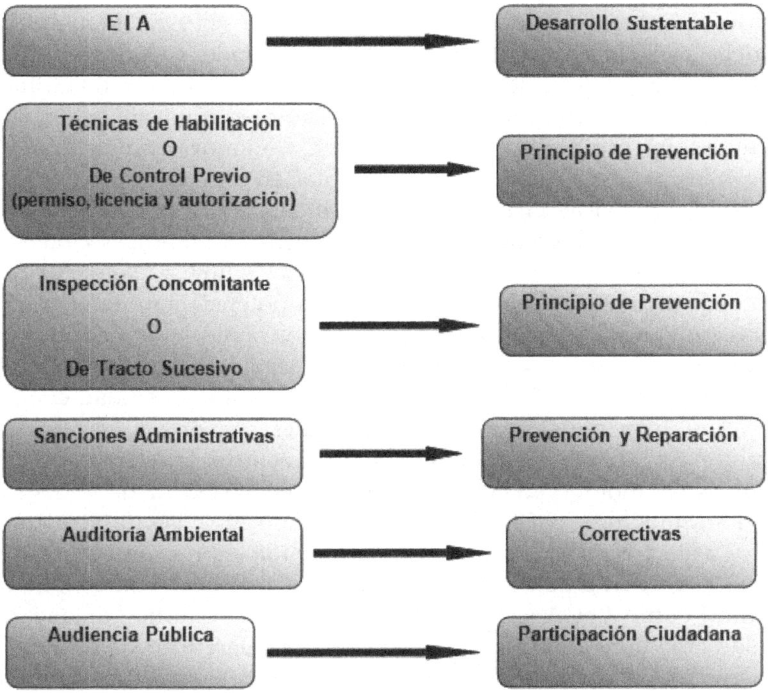

Fuente: elaboración de Etchechuri, Ferrero y Bergoy 2002.

3.9. AMBIENTALIZACIÓN DE LA CIUDAD

El ambiente como sinónimo de espacio, en la Tercera Modernidad, encuentra su desafío en las ciudades. La saturación de servicios y la alta intensidad demográfica así lo señalan. Si sumamos las poblaciones de las ciudades como Buenos Aires y gran Buenos Aires, Río de Janeiro y zona de influencia, San Pablo con su zona de influencia, Lima igual y Santiago con sus zonas aledañas, nos da más de 60 millones de personas. Más que la población de Argentina, Chile, Uruguay, Paraguay y Perú. El espacio ambiental en debate va a estar en las ciudades. Cuyas tendencias es la de expandirse cada vez más. Lo vemos con la ciudad de México Distrito Federal y la ciudad de Tokio.

La escasez social del agua va a ser, entre otros, un fenómeno de centralidad urbana.

Los cuestionamientos urbanos están íntimamente ligados al ambiente, pues son cuestionamientos ambientales. Ya el derecho a la ciudad, con las megápolis está seriamente bloqueado. El derecho a un ambiente sano, está seriamente comprometido también.

La bibliografía de Monclús (1999) "Suburbanización y nuevas periferias. Perspectivas geográfico-urbanísticas" por Mongin (2006) "La condición urbana". Paidós, Buenos Aires; Santos (1996) "Metamorfosis del espacio habitado"; Vidal (2010) "Las ciudades valladas y su relación con el entorno" evidencian que la mutación del espacio habitado es una transformación dada por varias causales. Ya avanzada la modernidad, los procesos de industrialización e innovación tecnológica fueron las principales causales de cambios en el espacio urbano. Los flujos de transporte, circulación y movilidad de las personas fueron coadyuvantes también de la mutación, quizás en un proceso dialéctico entre los flujos económicos y reiteramos los flujos de circularidad humana. Siguiendo a Santos y a Vidal, la potenciación demográfica de las ciudades, luego las megalópolis o metropolización de zonas urbanas, tributaron en la metamorfosis del espacio habitado. Procesos migratorios y la cancelación definitiva de la dicotomía ciudad-campo, a favor de la primera, se adicionan en la descripción que hacen a los cambios del espacio. Resulta insoslayable recordar la relación que sobre nueve habitantes en la ciudad hay uno en la ruralidad.

Esta metamorfosis en el espacio urbano se ve acentuada desde varios aspectos: por la ciudad descentralizada (estructuralista) o dispersa; por la fragmentación sub-urbanizada (nuevo funcionalismo urbano) como Los Ángeles, Londres y el abandono de patrones de ciudad "mediterránea", compacta, centralizada europea. El funcionalismo urbano moderno con Sert ya advertía sobre el impacto del desarrollo de la suburbanidad sobre la ciudad. La suburbanidad es mayor que la ciudad. En la escuela anglosajona ya se advertía sobre esta problemática en el año 1942. Mientras que en la Europa continental recién se comenzaba a debatir (1960-70), lo del desarrollo suburbano: la ciudad sin límites, sin confines. ¿Lo suburbano sobrepasaba a lo urbano? La respuesta es no. Pues no estaba en existencia un conflicto por excedencia de otro fenómeno. Era un solo fenómeno: la metropolización o megapolización. Zonas urbanas dispersas y fragmentadas. Los enfoques estructuralistas respecto al "objeto ciudad" nos remiten a un análisis que da cuenta de cambios estructurales urbanos y de tecnologías en un marco de proceso progresivo. Que se dan en una trama relacional compleja, que denotan una "continuidad". Para el nuevo funcionalismo urbano, la ciudad dispersa o la suburbanización fragmentada, da cuenta que se trata del final del ciclo "fordista" de producción, o bien responde a una etapa "postfordista". El distingo no es menor. Si se es estructuralista la descentralización es una evolución progresiva del objeto ciudad. En cambio para el nuevo funcionalismo es un cambio rupturista: la ciudad dispersa o de suburbanización fragmentada es algo nuevo, es el surgimiento de las megas ciudades, zonas de metropolización o megapolización.

Emerge una asimetría, entre la ciudad vivida y los límites reales de la ciudad. Son dos espacios, por ende, territoriales que convergen geográficamente, pero que divergen territorialmente. Si tomamos de Santos, que el espacio es la combinación de tiempos asimétricos reflejados en distintos objetos. Entonces no hay una *conditio sine qua non* de coincidencia de lo vivencial y real en un espacio urbano. Si puede haber una coincidencia necesaria si el límite espacial es el límite espacial de nuestra vivencia.

La ciudad dispersa, que drena la reurbanización, se relaciona con la pérdida del espacio público, porque la voracidad de la ciudad en expansión y fragmentación avanza, entre otras cuestiones, con espacios que se privatizan en un proceso de comercialización del territorio. No se avanza en las megas ciudades con la expansión del espacio público, sino del privado a partir del mercado. Se lo puede ver claramente en los sistemas de suburbanización con barrios privados, *country* privados o bien desde un umbral básico los loteos privados para la construcción de viviendas particulares. Se lo puede constatar con los parques industriales o comerciales suburbanos que responden a espacios de intereses privados. Esos espacios se transforman en privados, cuando otrora eran públicos. Ya sea como espacio estatal en sus tres niveles municipal, subnacional y nacional. O bien como espacio público funcional, es decir, verbigracia el espacio de una fábrica o establecimiento estatal en desuso. El espacio público es acechado constantemente por la fagocitación privada.

La privatización del espacio público en manos privadas, afectaría en principio al ambiente, habida cuenta que la lógica de desarrollo de los sectores privados, no siempre condicen con la necesidad de un ambiente sano: inclusivo e igualitario social y biológicamente para todos.

Resulta necesario connotar, como el urbanismo está imbuido de un ambientalismo que abarcaría todo, desde los flujos económicos, de movilidad, de composición y paisaje urbano. Las ciudades descentralizadas en megalópolis, se convierten en insustentables por las lógicas de mercado, la saturación de servicios de agua, gas y cloacas y la potenciación de dilapidación de tiempo individual y social por las distancias. Es así, que desde un urbanismo crítico, se puede detectar estos defectos en pos de un ambiente que abarca a todos los seres vivos.

Todos estos rasgos de cambios y rupturas se expresan con singularidades en las ciudades latinoamericanas. El énfasis está dado en la pobreza estructural y las condiciones de vulnerabilidad social como ambienta.

En los distintos ítems del presente apartado V se pueden conjeturar los grandes avances que ha hecho el ambiente como concepto y cultura académica y científica, y el ambientalismo como movimiento de la sociedad civil.

En el espacio y la dialéctica social, constatamos como el espacio es irrumpido por el ambiente. El espacio es el continente y el ambiente el contenido. La educación ha sido influenciada por el ambientalismo. La cuestión pedagógica es muy importante, porque trabaja en dirección de generar una ruptura sobre visiones que plantean la ajenidad del hombre con su ambiente. Esta postura intenta involucrarlo para que se cuide cuidando el ambiente en el que está inserto. El derecho también ha sido un campo dinamizado por los aportes que ha generado el ambiente. En la Constitución Argentina se han introducido diversas normativas, ya sean leyes nacionales, decretos, leyes provinciales y ordenanzas municipales. El avance del ambientalismo en el espacio urbano, es insoslayable, y esto se materializa no solo en ordenanzas sino en los planes estratégicos o de ordenación como escenarios propicios para la adecuación de normas ambientales. Es en el espacio urbano donde más se problematizan las cuestiones ambientales. La mayoría de los casos de no acceso al agua potable se da en espacios metropolitanos de grandes ciudades como México Distrito Federal o el caso de Buenos Aires. La población de menos recursos muchas veces no puede acceder al agua en forma continua, regular y saludable.

Hay varias constantes en todos los puntos del presente apartado varias a saber:

1. El ambiente como mirada compleja ha atravesado las distintas disciplinas científicas.
2. El ambiente se ha establecido, como temática, definitivamente en todas las agendas públicas y sociales.
3. Se ha popularizado al no quedar solamente en los muros científicos de la biología o la ecología.
4. Se reconoce que el hombre como sujeto está inserto en el ambiente como un ser vivo más.
5. El espacio es subsumido por el ambiente. Relación continente-contenido.
6. Es una temática constante y con el tiempo se fortalece.
7. Todas las disciplinas expuestas en este apartado, denotan entre otras situaciones, un punto en común: el avance en la toma de conciencia de la sociedad respecto a estos problemas que abarca a todos los seres vivos.

3.10. AMBIENTALIZACIÓN DEL AGUA. DE BIEN PÚBLICO A COSA PRIVADA. EL AMBIENTE

La cobertura de agua potable hasta el año 1980 abarcaba las quince ciudades más grandes de Santa Fe, por medio de la prestación que realizaba Obras Sanitarias de la Nación hasta el año 1980. En ese año hay un proceso de descentralización nacional y se crea a nivel provincial la DIPOS (Faccendini, 2007: 104-105). O sea, 347 localidades acceden al agua por medio de cooperativas que trepan a 130 y el resto lo prestan municipalidades y comunas.

En el año 1994 comenzó un proceso de privatización del agua que culminó con el agua privatizada a manos del grupo Suez, a fines de 1995, mediante la Ley N° 11.220 (Faccendini, 2007: 104).

La empresa privada prestataria se llamaba Aguas Provinciales de Santa Fe SA.

Esta empresa, reiteramos, es la que proveía agua a sólo 15 localidades mencionadas más arriba.

La empresa había ganado la licitación pública por 30 años, no abonaba canon alguno. Tenía el compromiso de realizar inversiones. Argumento esgrimido para privatizar de parte del Estado.

La empresa no cumplía el contrato de concesión en su totalidad. También violó los derechos de los ciudadanos, entre otras cuestiones, al no respetar su participación en el Directorio del ENRESS (Ente Regulador de Servicios Sanitarios) con un carácter relevante, protagónico y decisivo como sindica la Constitución Nacional y al dejarle un papel meramente decorativo, como actualmente tiene. No se puede dejar de mencionar en esta situación, la violación a los derechos económicos sociales del usuario, entre otras causales, cuando al ciudadano lo sometieron a un aumento tarifario superior al 20% con respecto a la tarifa estatal. Las argumentaciones en su momento para la privatización de la DIPOS, fueron que permitiría inversiones para mejorar los servicios sanitarios y una disminución de las tarifas. La realidad va indicar lo contrario, la empresa no pagó canon alguno por la licitación y, a cambio tenía la obligación de invertir mil 200 millones de pesos en un contrato por 30 años. La prestataria privada no realizó las inversiones pautadas, aumentó las tarifas y sumada la inercia de un control serio estatal, todos estos factores desembocaron en un escenario perjudicial para la comunidad. Todo ello fue posible por la omisión del Estado provincial de controlar y sancionar en base al contrato de concesión, los pliegos licitatorios y la Ley N° 11.220. La situación ambiental era grave en la jurisdicción de las 15 localidades. Por un lado los ciudadanos no accedían al agua por falta de inversiones, esto es, en su momento localidades como Rafaela debían establecer una planta de ósmosis inversa y no lo hacían. Se sabe que dicha planta es para eliminar en este caso, el arsénico, que es cancerígeno. Situación que de otra manera se repetía en Firmat y Funes. O sea, no se podía acceder agua apta para el consumo. La gente usaba el agua para bañarse y para tomar, tenían que recurrir a agua embotellada, fortaleciendo la injusticia social, habida cuenta los sectores populares que no tenían dinero para comprarla.

La OMS, define a la salud como "...un estado de completo bienestar físico, mental y social, y no solamente la ausencia de afecciones o enfermedades...". La salud queda así, enmarcada en una conceptualización social, integral, positiva e interdisciplinaria, produciendo la ruptura con el abordaje reduccionista, basada en la ausencia de enfermedad. El planteo limitativo de la salud, referido exclusivamente a la falta de enfermedad es funcional a la visión merceológica de la sociedad.

A la ausencia de salud integral le corresponde un Estado ausente, coherente con el salvajismo de mercado. En cambio, a la definición amplia de salud, le corresponde un Estado presente, solidario, promotor de equidad social y generador de ciudadanía. No hay ciudadanos sin Estado, porque el Estado es la necesariedad del débil. El mercado debe ser controlado para evitar la barbarización de la sociedad y que la salud, el consumo popular sustentable y el agua, no pueden ser objetos de la cosificación de las transacciones económicas. Porque, entre otras cuestiones, estos tres elementos ayudan a la constitución de la autoestima ciudadana, energía fundamental, que al decir del jurista Rodolfo Von Ihering, se refleja en la lucha por el derecho, como deber y dignificación de toda persona.

El deficiente servicio de agua potable y de servicios sanitarios, en la provincia de Santa Fe, nos indican que han socavado el derecho a la salud, el derecho humano fundamental al acceso al agua y los derechos económicos, sociales y culturales, derechos protegidos por los artículos 14 bis, 41, 42 y 75 inciso 22 de la Constitución Nacional y el artículo 8 de la Constitución provincial.

En definitiva se ha conculcado la salud pública. La realidad no deja de señalarnos este problema, el agua, derecho humano fundamental, es un alimento vital e insustituible que a nivel mundial una sexta parte de la población no puede acceder, esto es mil100 millones de personas, y 2 mil 600 millones que no tienen los servicios de cloacas, ello en un marco donde sólo el 3% de la masa acuática mundial es dulce y de ella, menos del 1% es apta para la humanidad. Argentina que en la primera mitad del siglo XX (Faccendini, 2007: 282-283, 285) estuvo primera en la provisión de agua potable, actualmente está detrás de Cuba, Colombia, Costa Rica, Uruguay, México y Chile, presentando a 7.760.803 (21,60%) de personas (Faccendini, 2007: 285) que carecen de agua potable y 20.654.920 (57,50%) de habitantes que no tienen servicio de cloacas, Unicef apunta que 4 mil niños en el planeta mueren por día por no tener agua potable y dos millones de personas mueren por año de enfermedades diarreicas, todo ello en un mundo donde el 60% de los recursos naturales se han degradado.

El ambiente hay que abordarlo no sólo desde lo biológico, entre otros elementos, sino también desde los distintos factores que se interrelacionan y se producen y reproducen como los jurídicos, sociales, económicos, políticos y otros elementos que influyen y son influidos en una relación recíproca y dinámica, con y en el ecosistema.

Coherente con lo antes mencionado, surge que la escasez social del agua, es un problema ambiental. Que es el caso, cuando no se accede al agua potable, no por deficiencia de la naturaleza, sino por una acción u omisión del Estado.

En definitiva concluimos que el problema de la no accesibilidad al agua segura, produce una lesión en el ambiente, por ende es una cuestión de lesa ambientalidad y no un problema unidimensional jurídico, social, económico y político. El ambiente es una complejidad y no un reduccionismo simplista y parcial.

La percepción de la Lesa Ambientalidad, es decir de la noción de daño sobre el ambiente, requiere como *conditio sine quanon*, reiteramos, un abordaje desde la complejidad. Conceptualizar la Escasez Social del Agua, también reclama un abordaje desde la complejidad. La descripción e interpretación de la problematización del agua potable en los centros urbanos y en la ruralidad, demandan no sólo una perceptualización compleja sino también, una visión totalizante dada por el ambiente integral o inclusivo.

Diagrama Nº 3

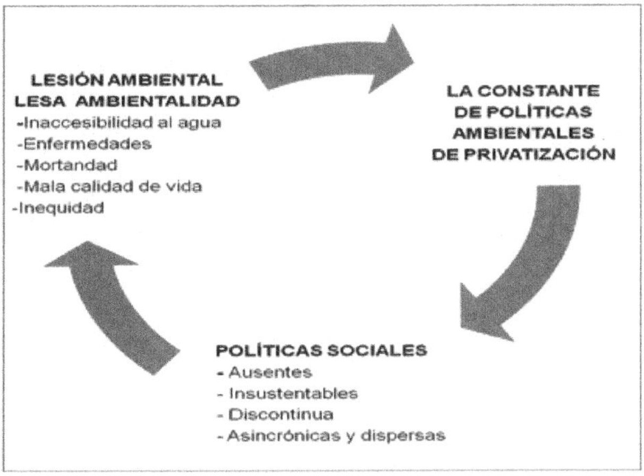

Fuente: elaboración propia.

Diagrama Nº 4

Fuente: elaboración propia

El proceso de ambientalización total del espacio, permitirá darle envergadura a los problemas ambientales, como prioridad a realizar y también efectividad en las soluciones, al abordarlo desde una perspectiva ecosistémica.

La mirada sistémica nos permite evitar la solución facilista y coyuntural de un problema ambiental, para pasar a tener un abordaje no sólo sistémico, sino también complejo y desde ya totalizante. Una totalidad que en su seno respeta y da cuenta de las especificidades, brega por lo sustentable hacia el presente y futuro de la vida de todas las especies y de los bienes comunes de la Tierra. Bienes del bien que son de todas las especies vivas y de los elementos inertes.

Capítulo 2

ENFOQUES TEÓRICOS SOBRE EL DISCURSO Y LA TOTALIDAD AMBIENTAL

En el capítulo anterior pudimos observar que la resultante de la evolución de la concepción de ambiente, nos condujo a una totalidad, la ambiental. En este capítulo, observaremos cómo distintos enfoques nos llevan por diversos caminos científicos a ésa generalidad abarcativa. Dando cuenta de la esencialidad de los abordajes generales, amplios, ricos y complejos que derivan en totalizaciones que respetan en su interior las especificidades. También dejamos expuesto la insuficiencia de los abordajes unidisciplinares, como lo podemos ver en el análisis de las noticias gráficas en el capítulo 3 y en las entrevistas personales analizadas en el capítulo 4. No hay un ambiente integral sino hay una necesaria interpretación y concepción de una totalidad. Entonces así, podremos percibir que la escasez social del agua es un daño ambiental o de lesa ambientalidad.

1.1. HACIA EL ANÁLISIS DEL DISCURSO DE LA TOTALIDAD AMBIENTAL

El marco teórico de este apartado nos permitirá ubicarnos en una cobertura amplia, en este caso, dada por la política. Ello es con el fin de ir haciendo un recorrido de aproximación respecto a las totalizaciones dadas dentro de la evolución científica. Si bien todo acto político es ambiental, no todo hecho ambiental, en principio, es político. Lo ambiental es *ipso facto* y lo político es *ipso iure*. Lo ambiental subsume a lo político. Hete aquí la totalidad ambiental.

1.2. ANÁLISIS DISCURSIVO DE LA POLÍTICA COMO GENERALIDAD ABARCATIVA

En este Capítulo analizaremos el discurso de las noticias. Los distintos enfoques. Para ello recurriremos a un clásico del análisis del discurso, en este caso el de las noticias, nos referimos a Van Dijk. Este autor en su obra "La noticia como discurso. Comprensión, estructura y producción de la información "nos señala la complejización existente entre el texto de la noticia y la contextualidad que la produce. Sea por una visión sesgada del medio que recoge y reproduce dicha noticia. También expone el autor que la noticia, su modo de abordarla y de contarla expone los niveles de conocimientos del medio periodístico. Para el caso serían los medios gráficos. En tal sentido expresa:

> Se encuentran sistemáticamente vinculadas a las condiciones cognitivas y sociales de su producción, así como también a los procesos de entendimiento por parte de los lectores... (Van Dijk, 1990: 10)

O sea, podemos observar la complejidad de la temática. Por un lado vemos a los medios difundiendo noticias sociales y económicas, que son también ambientales, como noticias unidimensionales y no como lo que son pluridimensionales. Así, surge a todas luces los condicionantes, que nos plantea Van Dijk, de conocimiento, de la contextualidad y también ideológico del medio que comunica las noticias. Sin embargo, no queda allí la trama comunicacional, también abarca al lector, en cuanto a la formación de sentidos que tiene. Es una relación dialéctica, en su seno contradictoria con una síntesis conclusiva que es cuando se publica la noticia. Así, el lector recibe la noticia con un sesgo cultural, social y político del que la emite. A su vez, el que emite se encuentra condicionado por el nivel cultural, sociológico y político de captación del lector. Es una relación recíproca relativamente unidireccional condicionante-condicionado, por el poder por cierto y en forma asimétrica del emisor sobre el público. Sin embargo, reiteramos el emisor también condiciona en bajo grado de incidencia al que difunde.

La cuestión que nos ocupa, nos arrima a una pregunta que resulta insoslayable: ¿quién establece la prelación en la difusión de las noticias? ¿cuál es más importante y cuál menos? Creemos que el orden de la agenda de noticias la establece el grupo mediático que más penetración en la sociedad tiene. Algo desde ya muy injusto. Por ser antidemocrático y porque responde a los intereses de la corporación emitente de noticias, que más de las veces son divorciales a los intereses mayoritarios del bien común.

La complejidad de las noticias no termina allí. Pues en el campo de las ciencias sociales, a la que pertenece la comunicación social, la cuestión de abordar la realidad marca limitaciones entre el observador finito y lo infinito de la realidad. Max Weber nos dice:

> Cualquier conocimiento conceptual de la realidad infinita por la mente finita descansa en el supuesto tácito de que sólo una parte finita de esta realidad constituye el objeto de la investigación científica, para que sea la única "esencial" en el sentido de que "merece ser conocida" (Weber, 1993: 44)

La subjetividad en el abordaje de las noticias cumple un rol preponderante. Ello nos sindica que el campo de la difusión es de conflicto y disputa permanente sobre quién hace prevalecer su narración escrita en lo que sucede en la realidad. Está al descubierto que dicha disputa es atravesada por la ideología de los actores relatores. Aún sin opinar siempre se está opinando. Es decir, cuando se emite la noticia por lo menos cuando en la narración se resalta un elemento de la realidad sobre otro. Se opina ideológicamente igual cuándo se dice "sin opinar". Van Dikj plantea que: "Los artículos periodísticos genuinos pueden proporcionar opiniones..." (Van Dikj, Mendizábal, 1999: 19) y resalta que "... las noticias de los diarios desempeñan también un rol crucial en la comunicación de masas..." (Van Dikj, Mendizábal, op. cit.: 18). Los diarios en soporte escrito, siguen cumpliendo un rol importante en la sociedad de conocimiento y la informática.

La problemática de la escasez social del agua, se produce cuando el no acceso al agua es por falta de inversiones públicas explícitas o implícitas y no por problemas de la naturaleza. Desde el biocentrismo o el ecocentrismo, se jerarquiza a la vida como centralidad fundamental, por ende lo que afecta a una de las especies, en este caso al hombre, se lesiona también al ambiente (lesa ambientalidad). Distintas serían las noticias de escasez social del agua en los barrios, si se le diera la entidad de lesión o daño ambiental que tiene.

La desjerarquización de una noticia en nuestro caso, se produce, entre otras cuestiones, cuando se le quita a la escasez social del agua la identidad de daño ambiental. Con ello se busca por acción u omisión disminuir el problema. Ello se produce muchas veces en forma inconsciente por desconocimiento del ambientalismo inclusivo y en otras por una percepción insuficiente de la realidad ambiental.

Conjuntamente con el análisis de la información, ubicamos el análisis del discurso político de Van Dijk. Según el autor este discurso abarca variadas temáticas, desde lo político estrictamente, como así también lo cultural y social. Por consecuencia abarcaría el discurso ambiental. Sin embargo, como lo ambiental antecede y abarca toda manifestación no sólo del hombre sino también de la vida vegetal y animal no humana, el discurso político estaría subsumido dentro de lo ambiental. Todo acto político es ambiental. Mas todo hecho ambiental no es necesariamente político en sus inicios, por ejemplo la erupción de un volcán. Luego, sí serán políticas las medidas de mitigación o reducción de daños que se establezcan ante la facticidad ambiental. Lo ambiental es *ipso facto* y lo político es *ipso iure*.

La zona multidisciplinaria e interdisciplinaria de la cuestión ambiental es totalizante. Es la nueva y antigua totalidad manifestada en la tercera modernidad.

El autor nos señala que el discurso político abarca no sólo los actos políticos, sino también los procesos políticos. Así su competencia temática atravesaría también la cultura, lo social y, agregación nuestra, lo ambiental (Van Dijk, Mendizábal, 1999: 18-28). Está claro que esta obra que data del año 1995 y que tuvo una edición en al año 1999, breva en un claro y contundente antropocentrismo. Esto, curiosamente nos marca por un lado la habilitación de la temática ambiental dentro del ámbito narrativo de la política y, por el otro, dicha totalidad, la política, está dada por la supremacía del hombre. Fue un paso para permitirnos lograr una ideación de que esta generalidad abarcativa de la política, cedería paso a la integralidad ambiental. El antropocentrismo daría paso al biocentrismo. Todo un proceso evolutivo, al principio era la integralidad abarcativa de la política ahora es la del ambientalismo.

El llamado campo societal de acción de la política da cuenta de todo lo anteriormente dicho. Al igual que los sistemas políticos, los valores políticos, la ideología, los procesos, instituciones y conocimiento políticos, etcétera.

Tomando a Van Dijk, el esquema que podríamos señalar es el siguiente:

Diagrama Nº 5

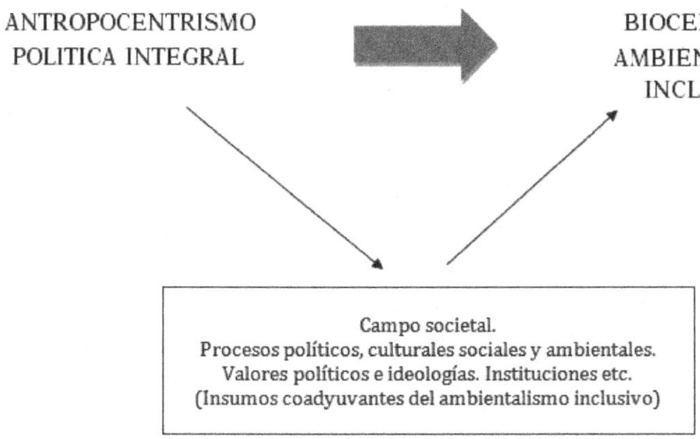

Fuente: elaboración propia.

Podríamos agregar que aún con totalizaciones que disputan su lugar respecto a otras integralidades, permiten un avance, a diferencia de las fragmentaciones que propone la posmodernidad, pues rechaza toda posibilidad de procesos abarcativos. Está claro que la amplitud del discurso político según Van Dijk no logró un salto cualitativo para lograr el descentramiento del hombre. Para lograr así la igualdad en la comunidad biológica con otras especies vivas. Dicha tarea la va a realizar como totalizante el ambientalismo integral o inclusivo con su biocentrismo.

Esta igualdad en la comunidad biológica descansa, entre otras cuestiones, en que la racionalidad no da derechos ni supremacía al hombre.

2. LA COMPLEJIDAD AMBIENTAL. EL DISCURSO COMPLEJO DE LO AMBIENTAL

Abordar el análisis de las noticias es una tarea compleja. Debería tener, en el caso ambiental, una trama interdisciplinaria con muchas aristas y dimensiones. El pensamiento complejo, como tal es ínsitamente abarcativo, transdisciplinario, multidisciplinario e inclusivo. Es una totalidad instrumental de abordaje científico de la realidad. Decimos que a una totalidad ambiental le corresponde un pensamiento total de análisis. Hete aquí su esencialidad metodológica sobre el objeto a estudiar.

2.1. LO SIMPLE ES COMPLEJO

Edgard Morin, en su obra *Complejidad restringida, complejidad general*, nos plantea por qué la ciencia clásica ha rechazado el pensamiento complejo. Y, nos da tres respuestas:

1. El principio de determinismo. La ciencia puede explicar no sólo el pasado sino también predecir el futuro. Es la certeza fundante.
2. El principio de reduccionismo. Reducir un objeto compuesto a sus elementos primarios básicos para así conocerlo en su totalidad.
3. El principio de disyunción, separando las distintas dificultades cognitivas, lo que da lugar a las distintas disciplinas científicas en forma aislada y no conectadas entre sí. (Morin, 2010: 102-110)

Estos principios marcan una gran influencia de la razón cartesiana y de suyo del positivismo. Logró grandes avances de las ciencias básicas sociales y naturales, a costa de mantener totalmente desvinculadas una ciencia de la otra. Y, dentro de cada una de ellas, separadas totalmente una disciplina de otra. La complejidad convoca a lo multi e interdisciplinario. Hete aquí el rechazo de la ciencia cerrada al pensamiento complejo. Es su antípoda. Para la concepción clásica de ciencia el pensamiento científico complejo es sinónimo de incertidumbre y de indeterminismo.

Lo complejo penetra lo aparente y va por lo sustantivo. Esta visión del pensamiento científico no sólo fue una preocupación de occidente, también el budismo y el hinduismo, marcaron su preocupación de superar lo aparente para llegar al fondo del conocimiento. Así para los primeros, lo aparente sería la samsara que no sería la realidad última y para los segundos mayá que sería el mundo de las apariencias.

Las disciplinas científicas por propia definición son cerradas e incomunicadas con otras y rechaza totalmente la complejidad.

La complejidad de facto y luego de jure se abrirá paso en la ciencia clásica y así Morin lo expresa:

> Una primera brecha opera en el universo científico a lo largo del siglo XIX, y la complejidad va a surgir de facto antes de empezar a ser reconocida de jure. Va a surgir de facto con el enunciado del segundo principio de la termodinámica, que indica que la energía se degrada bajo forma calorífica. Este principio se inscribe en la irreversibilidad del tiempo, mientras que hasta entonces las leyes físicas eran en principio reversibles, e incluso en la concepción de la vida la continuidad de las especies

> no necesitaba del tiempo. Lo importante no es sólo la irrupción de la irreversibilidad y, por lo tanto del tiempo; también lo es la aparición de un desorden desde que el calor es concebido como una agitación de moléculas. El movimiento desordenado de cada molécula es impredecible... (Morin, op. cit.: 83)

La teoría del caos, la energía negra y la entropía, la desarmonía que se expande en el universo, viene a romper con el determinismo y con el reduccionismo. No hay linealidad que permita una ordenada predecibilidad de los hechos científicos. El reduccionismo primario no alcanza a explicar que el universo va hacia un caos mayor. Va a ser la teoría del Big Bang la que explica la explosión generadora del universo. Todas estas cuestiones terminan nulificando los tres principios de la ciencia clásica.

El siglo XIX fue el tiempo de la conformación de las disciplinas, con la conquista de la individuación y la ruptura del hombre moderno con el miedo y el encantamiento del medioevo. Todo ello, en un contexto de conquista total de la cultura que fue muy anterior, y luego, con la toma del poder político de parte de la burguesía se consolidaron las disciplinas desde la centralidad antropológica hacia la exterioridad a conquistar, es decir a la naturaleza.

Las disciplinas científicas vienen a dar cuenta a la concepción de la división del trabajo. El sistema de producción medieval no requería de distintas funciones. El trabajo y el hogar no estaban separados en la función social.

El método inductivo permitió un avance veloz, requiriendo asimismo la división en disciplinas científicas y también de actitudes del sistema burgués de convicción, audacia y valentía. La duda y el miedo medieval retrasaban el desarrollo científico y social. En la primera modernidad el hombre burgués ya dejaba definitivamente la alquimia por la química y la astrología por la astronomía, por citar ejemplos.

Las bacterias y los virus, como sabemos, existieron siempre, el hombre de la baja Edad Media e inicio de la incipiente Modernidad no tenían medios para constatarlos con certezas absolutas, sin embargo, era una convicción la existencia de ellos. Nos dan cuenta de esta otrora situación, las famosas reproducciones gráficas de Venecia, en la protección que utilizaban los médicos, en el siglo XIV, para atender a los enfermos de la peste bubónica. Nos demuestra la convicción que había de la existencia de algo que contagiaba, que era invisible a los ojos como son los microbios.

Immanuel Kant va proclamar dando cuenta sobre la Ilustración, el famoso *¡saupe aude!*, ¡el hombre de la burguesía se tiene que valer de su propio entendimiento!

Eric Hobsbawm nos señalaba que el hombre de la modernidad, fue producto de una larga construcción subjetiva y por ende cultural. Construcción que data de mucho antes de la Revolución Francesa. La Bastilla consolidó el poder político de la formación cultural y científica que venía de otrora.

El pensamiento complejo viene a desnudar lo insuficiente de una sola reflexión disciplinar científica sobre la realidad ambiental.

Hablar de la complejidad es hablar del ecosistema y también del ambientalismo inclusivo. Muchas veces no vemos lo interconectado que esta todo con todos. Que el ambiente es un sistema muy complejo y que dicha complejidad es aparentemente no detectable. Pero, sabemos que no es así. Todo tiene que ver con todo. Quizás en distintos grados, en asimetrías de desarrollos de dichas incidencias pero en tiempos simultáneos.

San Agustín de Hipona, decía que no había que confundir lo invisible con lo ausente. Hete aquí lo acertado frente a lo que estamos tratando.

Morin, se refiere en su obra, a las tensiones epistemológicas que la ciencia clásica ha planteado. Una de ellas, en la que podemos ver la dicotomía de ésta ciencia es la de:

Diagrama Nº 6

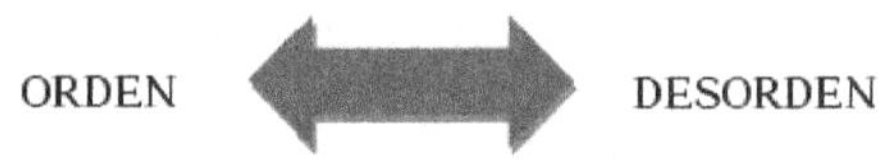

Fuente: elaboración propia.

El pensamiento complejo revierte esta tensión de la siguiente manera:

Diagrama Nº 7

Fuente: elaboración propia.

Se ha presentado continuamente como un antagonismo irreductible la situación ORDEN Y DESORDEN. Sin embargo hay un espacio integrador, impensable para la ciencia clásica, pero no para el pensamiento complejo que es la ORGANIZACIÓN, que contiene ambos antagonismo y los supera.

No podemos dejar de observar la cercanía del pensamiento de Federico Hegel con la dialéctica:

Diagrama Nº 8

Fuente: elaboración propia.

A toda tesis le corresponde su antítesis, que se supera conservando en una síntesis.

Siempre se supera conservando lo anterior. Pues aún la síntesis u organización se deben a un antagonismo que se resuelve conservando parte, por decirlo así, en la superación. Es decir no hay superación sin conservación en parte de algunos de elementos antagónicos. Ligando los elementos antagónicos surge, en el caso, el sentido de organización.

Hete aquí, que el pensamiento complejo, abarca en un diálogo interdisciplinar, a distintos elementos. Queda claro la ruptura con el reduccionismo como así también con el determinismo y la disyunción del pensamiento de la ciencia clásica.

Así, también podemos hablar de la combinación de la macrofísica y la microfísica algo impensable. Pero, como dice Morin, "de facto" se fue abriendo paso. De la percepción de espacio y tiempo de la física einsteniana y esta irrupción "de facto" de las pequeñas partículas "quantun" de la microfísica.

La realidad de la vivencia humana pasaría por la mesofísica, esto es entre la macro y microfísica. O sea, que ambas están combinadas.

Los dogmas de la ciencia clásica, entre otros, consistentes en la armonía del universo han sido desmantelados cuando se ha descubierto que el sistema solar es caótico. Y, que dicho caos afectaría la rotación y traslación de la Tierra.

Esta física del "caos", nos plantea la impredecibilidad y el desorden aparente pone en jaque al determinismo, uno de los pilares de la ciencia clásica.

Lo estable, es la inestabilidad y el caos mantiene un equilibrio del desorden.

El pensador de la concepción compleja, nos refiere que en los años 40 a 50 del siglo XX, con los sistemas de información, la cibernética y la teoría de los sistemas, algo comienza a acercarse al concepto de complejo. Y, recién en el año 1984 el Instituto Santa Fe, refiere

Morin utiliza el concepto de complejidad a través de la utilización del término "sistemas complejos".

La irrupción del concepto de lo que el autor que mencionamos habla, ahora sí, de complejidad restringida, es con la necesidad de un concepto que abarcara contradicciones en su seno, ante fenómenos no lineales, muchos de ellos fractales, antagónicos y entrópicos, que sin embargo en la complejidad de un sistema funcionaba.

La complejidad es el ambiente, en seno hay muchísimas variables de antagonismos, desde la cadena alimentaria, hasta los procesos de alteraciones químicas naturales, también los procesos de colaboración, cooperación, eliminación y alimentación entre los seres vivos. Se da como vemos, en una complejidad que encierra fragmentos, contradicciones, antagonismos, procesos colaborativos y de eliminación. Para luego ir a una reproducción biológica, en una entropía equilibrada.

La complejidad restringida, en un principio, siguiendo al pensador Morin, se refería a los sistemas complejos. Que se autodenominaban de ése modo.

La complejidad general no sólo abarca la totalidad de todos los sistemas. Sino también la relación del todo y las partes y viceversa. Requiere como podemos ver, de un nuevo paradigma científico que nos permita ir a un intenso y transdisciplinario intercambio de las distintas disciplinas científicas, y no lo fragmentario sino también un diálogo intenso, contradictorio y complementario de todas las ciencias. Desde las básicas sociales hasta las básicas naturales.

Creemos que el pensamiento complejo es esencial para abordar el ambientalismo inclusivo, por lo dicho antes. Pero fundamentalmente por la ruptura del formateo de pensar las cosas. Es un nuevo paradigma científico, donde a título de ejemplo podemos mencionar lo siguiente: ante el axioma de la ciencia clásica, de que el todo es mayor que la suma de las partes. La complejidad nos va a decir que el todo es mayor que la suma de las partes y que es menor a dicha suma.

Esto es así porque las cualidades y propiedades en las partes se pueden perder en la organización del todo. En nuestro patrimonio genético una pequeña parte se activa. En la sociología podemos ver que las libertades individuales van a ser inhibidas por el contrato social.

El sistema de la composición de la molécula del agua H2 O en este caso la organización del todo aumenta dicha funcionalidad respecto a las partes. Pero si tomamos por partes separadas el H2 y el O van a presentar cualidades distintas y superiores al todo del agua.

Muchas veces el todo es menos que la suma de las partes.

La auto-eco-organización son las unidades autónomas de funcionamiento. Son complejas, necesitan de energía y materiales externos para su vida, su funcionamiento. A su vez degrada energía que es un subproducto.

Toda auto-eco-organización produce una función entre lo que consume, utiliza y elimina, para volver a consumir y cumplir el ciclo, tomando el ejemplo del organismo humano. En dicho organismo se produce internamente, complejamente un mecanismo, de muertes de células y de generación de nuevas.

Heráclito, al decir de Edgard Morin planteaba que había "...que vivir de muerte, y morir de vida...". Lo dicho por el pensador griego, se refiere evidentemente al equilibrio entre la muerte y generación de células de un organismo vivo.

El ambiente es una gran complejidad, donde todas las partes tienen relación en mayor o menor incidencia sobre la otra, y que constituyen un todo, organizado, organizante y organizador.

El pensamiento y la concepción de complejidad de Morin, es un instrumento que nos permite abordar al ambiente como un todo. Es decir desde el ámbito físico, ámbito biológico y del ámbito social. Todas estas partes íntimamente vinculadas en distintos grados de incidencia, pero vinculadas.

Es el pensamiento complejo es el que nos permite acceder, entre otros, al Estudio de Impacto Ambiental.

En el Estudio de Impacto Ambiental se toman diversas facetas del ambiente. No sólo de una disciplina científica sino de varias, en continua vinculación y diálogo.

El pensamiento complejo para construir un nuevo paradigma científico rompe con los tres principios de la ciencia clásica:

1. Ruptura con el determinismo
2. Ruptura con el reduccionismo
3. Ruptura con la disyunción

El determinismo explicaba un fenómeno desde las causas, efectos y consecuencias en forma lineal y cerrada. Con certeza absoluta. Es más podía explicar lo que pasó, lo que pasaba y qué iba a pasar.

El reduccionismo, en forma simplista podía a partir de explicar las cualidades de las partes explicar el todo.

La disyunción, los fenómenos se podían explicar a partir de una disciplina científica. Con lo cual aislaba a las ciencias y al separarlas impedía un trabajo interdisciplinario y diálogo complejo.

Si tomamos un ejemplo de las consecuencias de las rupturas antes señaladas, entre otras, del cuestionamiento al principio del determinismo de la ciencia clásica. Vamos a poder ver allí, su vinculación obligada con el principio de incertidumbre y de precaución expresados en la Conferencia de Naciones Unidas sobre el Medio Ambiente y el Desarrollo en Río de Janeiro, en junio de 1992.

El principio de incertidumbre es esencial, rompe con el determinismo simplista del positivismo y neopositivismo. Es decir no siempre la causa produce una consecuencia lineal. Entre la causa y la consecuencia interviene lo aleatorio o el azar. No hay certezas absolutas.

El principio de precaución. Una gran construcción ambiental. Pone en jaque al positivismo y al neopositivismo. Nos viene a plantear una cuestión científica para aplicar al avance científico. Esto es: todo nivel de desarrollo científico tiene su vinculación sustancial con el nivel de avance de los medios de conocimientos y técnicos de una sociedad en un momento determinado. Por ende, todo conocimiento científico tiene relativos grados de certeza. Veamos, en los años 1960 hasta 1970 se planteaba que producto de la contaminación ambiental lo que iba a producirse es un proceso de glaciación mundial. Es a partir de fines de los 1980-1990 es que se habla de calentamiento global.

El principio de precaución también trae otra importante consecuencia, es que ante la duda de la aplicación de una medida científica, no se debe realizar. Es de una gran importancia. La precaución rompe con el paradigma epistemológico de que ante la duda de un acto científico, se avanzaba igual. Con lo cual se despreciaba los resultados negativos que pudieran producir al ambiente.

Vinculado a lo mencionado anteriormente, se ubica el principio de prevención. Hay que prevenir los actos dañosos sobre el ambiente. Hay que evitar los actos de reparación. Es muy saludable la prevención y no la reparación.

Diagrama N° 9

Fuente: elaboración propia.

Diagrama Nº 10. Esquematización del discurso de la complejidad ambiental:

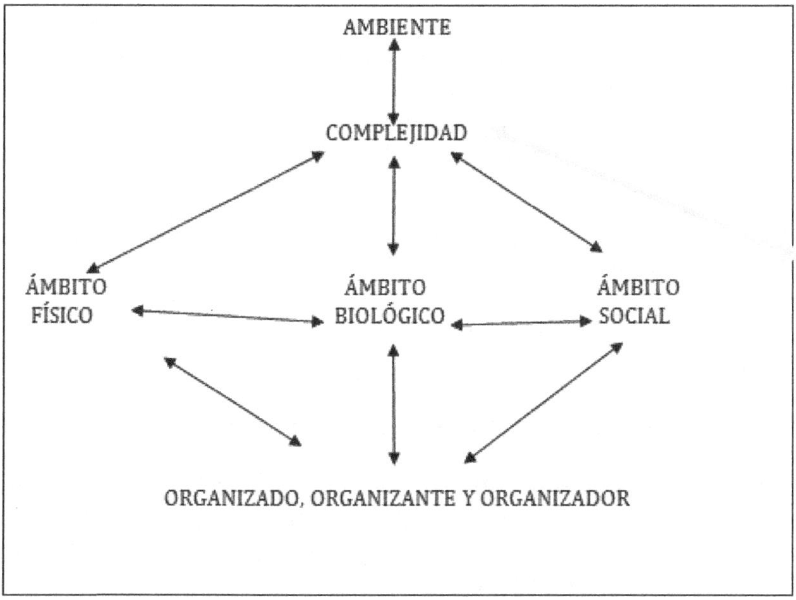

Fuente: elaboración propia.

El discurso del ambientalismo inclusivo, es un discurso complejo e integrador. Donde incide la auto-eco-organización, es decir siguiendo a Morin, que toda entidad tiene que proveerse de la energía necesaria en un flujo constante. Produciendo el subproducto de la degradación energética. Luego, el ciclo de reproducción se vuelve a repetir, con el consumo de energía y materiales.

3. LA INSUFICIENCIA DEL DISCURSO UNIDIMENSIONAL, Y LA APERTURA A LA COMPLEJIDAD HACIA LA TOTALIDAD AMBIENTAL

La insuficiencia de que una sola disciplina científica pueda dar cuenta explicativa de la escasez social del agua ha quedado a todas luces demostrada. Es a partir de ésta carencia lo que nos abre el campo de la ambientalidad como una totalidad y de un pensamiento multidisciplinario y transdisciplinario que la pueda abordar.

3.1. LA FINITUD DE LA OBSERVACIÓN Y LO INFINITO DE LO OBSERVADO

En las ciencias básicas sociales y ciencias básicas naturales, el observador científico frente al objeto observado, mantiene una relación cognitiva desigual y asimétrica. El observante, cognitiva y físicamente se encuentra limitado en tiempo y espacio, frente a una realidad infinita. Hete aquí que el observante debe recortar la realidad a abordar.

La falta de una cognitividad totalizante que abarque por ende un objeto totalizado, genera varias consecuencias a saber:

1. La falta de un conocimiento acabado y abarcativo totalizante del objeto a investigar.
2. El principio de incertidumbre tiene su basamento en la insuficiencia planteada.
3. La ruptura de la linealidad causa y efecto. Ya que se encuentra atravesada por la aleatoriedad.
4. Principio de prevención y precaución.
5. El riesgo y la necesidad de mantener el equilibrio del ecosistema.

Así, esta insuficiencia del observador, y por ende de su narrativa, ante la incomensurabilidad de la realidad, genera un dispositivo para un abordaje complejo. Ello implica una disposición conceptual multi y transdisciplinar, pues ninguna desciplina es apta para captar y percibir en su totalidad una complejidad diversa, combinada y conectada en forma visible e invisible, como es el ambiente.

Podríamos representar la relación asimétrica sujeto-realidad, en un diagrama, de la siguiente manera:

Diagrama Nº 11

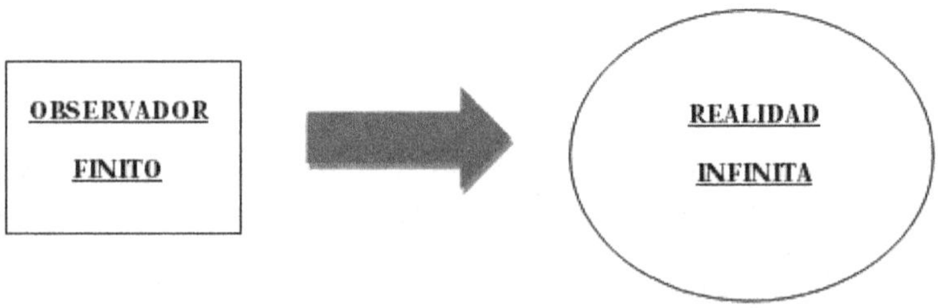

Fuente: elaboración propia.

Max Weber manifestaba de la importancia que la ciencia, se sometiera a la duda, aunque ella vaya en contra de la misma y en tal sentido decía "La duda más radical, en efecto, es progenitora del conocimiento..." (Weber, 2000: 228). Es imposible hablar de complejidad y por consecuencia de un abordaje multidisciplinario sobre un fenómeno tan multifacético como es el ambiente, sin una duda como base.

La duda, es la que permite a la apertura disciplinar a las otras disciplinas. No para competir, sino para complementarse. Nos formamos en la competencia y no en la excelencia. Necesitamos ir por el diálogo multidisciplinar. Para ello tenemos que construir una cultura de la integración con diferenciación e identificación. Ninguna disciplina quiere unirse en disolución sino en construcción.

El cuestionamiento de certezas es lo que hace arribar a las sinergias necesarias entre distintos saberes para abordar una problemática como el ambiente.

El ambiente totaliza en complejidad diversa.

Este autor planteaba en un texto de 1904, que:

> Casi todas las ciencias, desde la filología hasta la biología, han pretendido en su momento producir, no solamente un saber especializado, sino también "cosmovisiones". Y bajo la impresión del profundo significado cultural de las transformaciones económicas modernas y, en especial, de la importancia dominante de la "cuestión obrera", espontáneamente se desliza de pensamiento carente de conciencia crítica. Esta misma tendencia se manifiesta en la antropología hoy, cuando la lucha política y comercial de las naciones entre sí por el dominio del mundo se está librando con encarnizamiento creciente; está difundida la creencia en que, "en última instancia", todo acaecer histórico es resultado de la acción recíproca de "cualidades raciales" innatas. En lugar de la mera descripción acrítica de "caracteres nacionales" sobrevino la erección, todavía más acrítica, de las propias "teorías sociales" sobre la base de las "ciencias naturales". (Weber, op. cit.: 58)

Este saber, acrítico y monista de algunas disciplinas, que desde la competencia plantean que su factor ha sido desencadenante de un fenómeno determinado. Rechazan las posibilidades reales y complejas de las causas y concausas. En distintos grados combinados dando un resultado que da cuenta de la existencia de los elementos que le dieron vida.

Las visiones de la primera y segunda Modernidad, necesitaron no sólo del pensamiento inductivo sino también del reduccionismo monista, una sola o simples causas para un efecto. Las disciplinas científicas se desarrollaron con gran velocidad. Pero, en la tercera Modernidad, ésta velocidad producía y produce atraso y no avances. Ya que en la actualidad se requiere de una visión compleja para el fenómeno ambiental complejo.

Hubo dos intentos de totalizaciones en distintos momentos y contradictoriamente en la historia contemporánea:

1. Liberalismo con su totalidad el Mercado
2. Marxismo ortodoxo con su totalidad la Economía.

El primero, con las libertades civiles y la libertad económica de mercado, pretendió dar explicación en forma directa o indirecta, en forma explícita o implícita a distintos fenómenos de la sociedad.

Sin pretender ser simplistas y reduccionistas, pero podemos decir que la división del trabajo en la producción y en la oferta de mercancías, iban a influir en las divisiones disciplinares científicas. Habida cuenta de la necesidad de conocimiento para la producción de mercancías o bien para encontrar soluciones.

En la segunda totalización el marxismo ortodoxo va plantear que la lucha de clases y el materialismo histórico, podían explicar y contener todos los fenómenos de la sociedad. Así, el proletariado contra la burguesía y la sustantividad económica existente en las situaciones de la humanidad y de la naturaleza, podían dar cuenta y respuestas estas realidades.

Tanto el liberalismo como el marxismo ortodoxo (no el heterodoxo) eran totalizaciones en grado de preponderancia y no de igualdad con las distintas disciplinas científicas. En el primer caso la prioridad es el mercado y en el segundo son las luchas de clases y el materialismo histórico (factor económico). En ambos casos se trata de los monismos: mercado y lucha de clases, acompañados por otras ramas de las ciencias.

Ambos relatos insuficientes para abordar realidades complejas, porque no se permiten la duda, ni el principio de incertidumbre y menos del principio de riesgo. Así la sin razón del capitalismo y del socialismo real nos lo marcan. La totalización de la mercancía y de la economía en la sociedad, no fueron suficientes para dar explicaciones. Eran totalizaciones sin complejidad.

Diagrama Nº 12

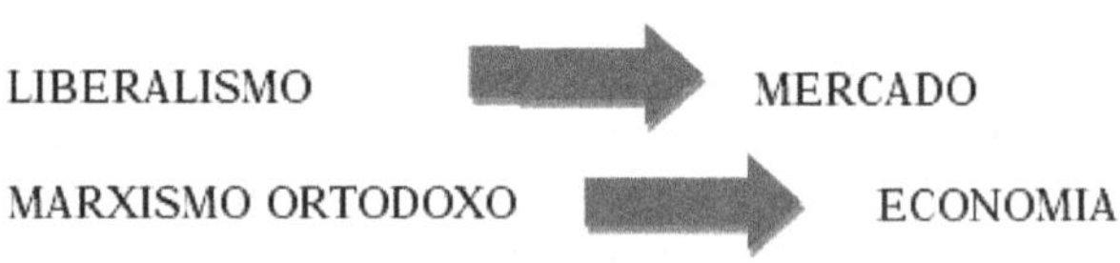

Fuente: elaboración propia.

El pensamiento científico complejo es una visión multilateral, pluridisciplinar e intradisciplinar, en igualdad y diversidad de las distintas ramas de las ciencias sociales, naturales y exactas:

El abordaje complejo, como sabemos, es multidisciplinario y transdisciplinario. Ello nos interpela, no sólo desde lo multidimensional sino también desde el diálogo entre distintas disciplinas.

Las partes disciplinarias, su suma, no superan el todo y el todo, por ende, supera a la suma de todos. En el gráfico que planteamos planteado se puede observar cómo este diálogo intra disciplinar tributa al pensamiento complejo.

La suma de las disciplinas, en forma transversal y no lineal, no es menos que el todo.

Es evidente que el abordaje del ambiente inclusivo, requiere de la complejidad y ello requiere de un gran desafío.

La complejidad de lo multidisciplinar sobre un objeto complejo como el que tratamos, es de mayor simpleza que cuando el abordaje es transdisciplinar, que requiere de un gran esfuerzo y dificultad epistemológica.

Cuando es multidisciplinar, que es lo más habitual que hacemos, el abordaje sobre el ambiente inclusivo, se trata de una sumatoria de visiones de cada una de las disciplinas.

En el caso de la problemática que tratamos, hay un diálogo científico desde la sociología, geografía, jurídica, politología, economía, hidrología, atmosférica, física, química, agraria, veterinaria, médica, bioquímica y así podríamos seguir.

Diagrama Nº 13

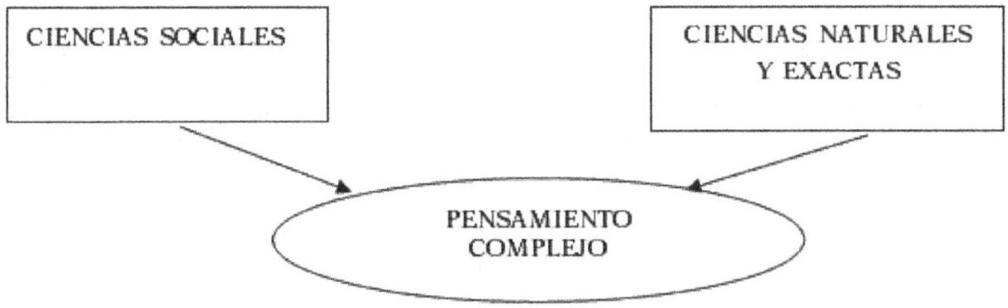

Fuente: elaboración propia.

En cambio cuando la visión es intradisciplinar, resulta mucho más difícil, porque es una visión en sí, combinada y desarrollada en una misma visión. No en forma paralela, como es con las visiones multidisciplinarias, sino en el mismo fluido gnoseológico. Con lo cual simultaneizar y combinar disciplinas en un solo texto, en un profundo diálogo epistemológico, es todo un desafío.

Podemos ver que la mayoría de los enfoques son multidisciplinarios. Con lo cual son también complejos. Creemos que la visualización conceptual del ambientalismo inclusivo, al ser una totalidad, requiere de una configuración compleja. Y, que ésta configuración compleja, es la mayoría de las veces multidisciplinaria.

Diagrama Nº 14

LO AMBIENTAL ES UNA TOTALIDAD:
EL BIOCENTRISMO

↓

ES UNA TOTALIDAD COMPLEJA

↓

AMBIENTALISMO INCLUSIVO REQUIERE
ABORDAJE COMPLEJO

Fuente: elaboración propia.

3.2. LA INSUFICIENCIA DEL OBSERVADOR: OPORTUNIDAD HACIA UN DISCURSO COMPLEJO

Vimos anteriormente la insuficiencia de la observación y la infinitud de lo observado y cómo dicha insuficiencia se vincula profundamente con el principio de incertidumbre y el principio de precaución.

Max Weber, uno de los fundadores de la sociología y enmarcado en la corriente contra positivista, basaba dicha posición en la finitud y límites del hombre frente a la inmensidad de la realidad. Ello lleva a la relatividad del estudio del ser humano en cualquiera de las ciencias. Así manifestaba lo siguiente:

> Liberados como estamos de la fe anticuada en que todos los fenómenos culturales pueden ser deducidos, como producto o función, de constelaciones de intereses "materiales", creemos, sin embargo, que el análisis de los fenómenos sociales de los procesos de la cultura desde el especial punto de vista de su condicionamiento y alcance económicos ha constituido y constituirá para el futuro previsible, un principio fecundo, en caso que

> se lo aplique con circunspección e independencia de cualquier estrechez dogmática... (Weber, 2000: 58-70)

Este sociólogo nos plantea respecto al objeto a estudiar lo siguiente:

> Cualquier conocimiento conceptual de la realidad infinita por la mente humana finita descansa en el supuesto tácito de que solo una parte finita de esta realidad constituye el objeto de la investigación científica, parte que debe ser la única "esencial" en el sentido de que merecer ser conocida. Pero, ¿siguiendo qué principios se seleccionará esa parte? Repetidas veces se ha creído que el criterio decisivo también en las ciencias culturales puede discernirse en definitiva en la recurrencia "con arreglo a leyes de ligazones causales determinadas... (Weber, op. cit.: 62)

O sea, que el criterio a seguir para recortar la realidad a estudiar, depende de la detectación de una legalidad universal. Es decir, cuanto más general sea nuestro conocimiento, para el caso, de una realidad social, más cercano estaremos a poder caracterizar "legalmente" en sentido amplio dicha realidad objeto, habiendo desde ya el recorte pertinente. Pero dicha legalidad, debe ser flexible y esta contextualizada en un conocimiento general, de tal manera, que podamos aproximar en lo más acertado posible, nuestro planteo sobre el objeto a estudiar.

Así conocer las leyes en ciencia, no significa conocer la realidad social, sino que es uno de los medios a los que se recurre para una aproximación de conocimiento de dicha realidad. Y, que el conocimiento de los procesos culturales se accede a las significaciones del mismo.

Resulta palmario el gran aporte que ha realizado este sociólogo a las ciencias sociales. Así también agrega sobre la neutralidad valorativa de las ciencias, que él toma partido por aquella posición donde abarca y combina dos elementos por un lado: el enfoque empírico lógico sobre el objeto a estudiar (basado en la empiria y en la observación) y el enfoque práctico valorativo (basado en la ética e ideología del científico). Y, nos dice que no comulga con la posición que se basa solamente con el método lógico empírico, sino más bien, en una conceptualización que abarque tanto el factor antes señalado y lo valorativo. Haciendo saber en su abordaje científico, qué es producto del primer elemento y qué es opinión ética e ideológica.

Max Weber fue un cuestionador de la modernidad capitalista que puso en jaque el determinismo simplista y reduccionista del positivismo. La interrelación entre el pensamiento complejo y la duda weberiana cuando plantea que "...la duda más radical, en efecto, es progenitora del conocimiento..." (Weber, op. cit.: 228), es de suyo, evidente.

Cuando plantea la precariedad de los dogmáticos y la relatividad del conocimiento, nos marca su vinculación, junto a la duda, al principio de precaución y prevención del ambientalismo inclusivo.

Al plantear la conexión del conocimiento y de la investigación con la ideología y la ética, nos está enunciando, que la ciencia está conectada con su contexto y que por ende, rompe con la supuesta neutralidad de la ciencia y de su asepsia a la realidad moral, política, social, jurídica y de otras influencias del contexto donde se genera.

Tenemos que ligar lo planteado anteriormente con el análisis del discurso de los medios de prensa escrito de Rosario en los períodos estivales de 2011-2012, es decir, los aportes de los discursos totalizantes, los de la complejidad y los de la subjetividad científica.

Las tres fuentes permiten deconstruir para analizar el discurso escrito de los distintos medios gráficos. Vamos a demostrar, como dicho discurso no puede abordar ni la complejidad ni las implicancias ambientales que tiene la escasez de agua. Reduciéndolo a una cuestión si y solo si social y económica. Con lo cual podemos conjeturar que responde a un paradigma positivista.

La red de pensamientos que vienen a romper con los viejos paradigmas positivistas, reduccionistas y simplistas, también se enriquecen con el principio de incertidumbre. Werner Heisenber creador de este principio establecía que la observación del observador cambia lo observado. Rescatamos este principio para romper con la certeza absoluta que planteaban los positivistas y actualmente los neopositivas en los abordajes científicos. Y, también porque toda incertidumbre genera dudas, si genera dudas produce complejidad, al haber complejidad se abren las puertas al mundo multidisciplinario, y al abrirlo llegaríamos a una totalización compleja y diversa como es el ambiente inclusivo y por ende el biocentrismo.

Viene también a tributar el pensamiento de Silvio Funtowicz (1994), donde nos señala la diferencia entre riesgo e incertidumbre. El riesgo sería la incertidumbre cuantificada. Hay probabilidades que suceda un acontecimiento con consecuencias negativas y esas posibilidades se pueden medir. En cambio la incertidumbre no es cuantificable. Puede suceder pero no se puede cuantificar.

El riesgo de que algo suceda negativo, sino no sería necesario calificarlo como tal, hace necesario al derecho de los ciudadanos que vivan cerca de un planta nuclear o química como fue el caso Seveso en 1976 en Italia, a saber, concientizarse y estar preparado a estos eventos siniestrales cuantificables.

Si bien por el principio de precaución de la Conferencia de Río de 1992, no se debería permitir estos riesgos cerca de poblaciones humanas y no humanas.

Este epistemólogo observó que uno de los problemas ambientales de riesgo e incertidumbre es la falta de un proceso de comunicación y de participación ciudadana. Que ante siniestros ocurridos como los mencionados y otros como el Chernobyl (Ucrania), Bopal (India) etc. no había un abordaje comunicacional, sociológico y antropológico con la ciudadanía. Si había una visión unidisciplinaria con los ingenieros químicos o físicos nucleares. Lo cual marcaba una deficiencia del abordaje.

Luego ante este raquítico y siniestral análisis sobre los eventos ambientales, Funtowicz plantea la necesidad de un abordaje desde el pensamiento complejo.

El pensamiento complejo no es sinónimo de complicado. Un caso es simple pero su abordaje es complejo, tal como la escasez social del agua. Y, porqué tiene que ser complejo, no sólo por lo antes dicho de los siniestros ambientales mencionados, sino también por la visión compleja que significa poder ver las distintas interrelaciones que hacen al ecosistema del lugar. Relaciones no visibles, pero que no son ausentes. De tal manera que requiere un abarcamiento amplio, que no puede ser sometido a un diálogo unidireccional de una sola disciplina científica. Sería ineficiente e ineficaz. Requiere de un diálogo multidisciplinario conjunto, transversal y combinado.

Esto conlleva que un abordaje al ambientalismo inclusivo debe partir de un discurso complejo (no complicado), de suyo multidisciplinario.

Ahora bien, arribar a una complejidad de analítica y discursiva, para el caso del ambientalismo inclusivo, tiene que brevar en la totalización, en la relatividad cognitiva, en el riesgo, en la incertidumbre, en los principios de precaución y prevención. Entre otros elementos.

Diagrama Nº 15

Fuente: elaboración propia.

3.3. EL DISCURSO DE LA TOTALIDAD AMBIENTAL GENERADO POR LOS LÍMITES DE LAS DISCIPLINAS CIENTÍFICAS

Hemos podido ver, en pos de analizar los discursos de los medios gráficos en la ciudad de Rosario respecto a la escasez social del agua en los períodos estivales de 2011-2012, que ha habido un devenir no lineal de parte de las distintas disciplinas científicas.

La epistemología, o más bien la filosofía de las ciencias, como así también las propias disciplinas científicas han dejado al descubierto la insuficiencia y la escasez de las mismas para abordar un tema totalizante y complejo como es el ambientalismo inclusivo.

Se ha podido probar que el discurso disciplinar de cada ciencia entra en crisis a mediados del siglo XX para abordar cuestiones que ya exceden a una rama científica.

Que a la complejidad no debemos confundirla con complicación. Y, que lo complejo no significa que una disciplina se superpone a otra sino que hace sinergia con otra.

Que no hay ciencias de primer y segundo orden. Todas están en un plano de igualdad y de diversidad.

Tanto las ciencias sociales y las ciencias básicas naturales y físicas tienen su relato cognitivo a realizar sobre el objeto ambiental.

Esta insuficiencia ha sido producto de la incapacidad comunicativa, de complementariedad y de totalidad de las disciplinas entre ellas. Como el desarrollo iniciario de los servicios sanitarios en la segunda mitad del siglo XIX en la Argentina.

Fueron estimulados los servicios de aguas y alcantarillados, entre otros factores, por las tragedias de afectación a la salud como la fiebre amarilla y el cólera.

Así los grandes fenómenos ambientales del siglo XX, fundamentalmente a partir de la segunda mitad, no podían ser abarcados por una sola rama de la ciencia. Se necesita del consumo de todas.

A partir de estas carencias de las disciplinas científicas, comienza el largo derrotero del ambiente inclusivo como una totalidad que contiene la diversidad de vida y de elementos inertes, en sus manifestaciones no sólo biológicas, sociales, institucionales, políticas, económicas y profundamente diversas. Con una herramienta de cobertura hacia esa totalidad: el pensamiento o metodología compleja. Ello implica, lo ya dicho, no hay una sola disciplina que dé cuenta de la totalidad.

La escasez social del agua en Rosario no puede comunicarse, por ser insuficiente, como un problema económico, social y político, cuando es contenido en una totalidad, que es el ambientalismo inclusivo.

Esta escasez es más que la suma de las partes disciplinarias mencionadas, porque debe ser contenida por una totalidad: que es un problema ambiental. Se encuentra incluido como problema ambiental totalizante. Resulta abarcada por el ambiente inclusivo como una totalidad.

Diagrama Nº 16

Fuente: elaboración propia.

La escasez social del agua se encuentra, con las cuestiones señaladas, dentro del ambientalismo inclusivo. Que como vimos es un sistema complejo y diverso por ser una totalidad.

Entonces, la entidad a analizar (la escasez social del agua) se ubica dentro de una totalidad que es el ambientalismo inclusivo y que la metodología de análisis está dada por la complejidad misma.

Diagrama Nº 17

Fuente: elaboración propia.

En este gráfico hemos sintetizado como la totalidad que es el ambientalismo inclusivo contiene en su interior a la escasez social del agua. Es decir que esta escasez es constitutiva de una de las dimensiones de la temática ambiental.

La evolución conceptual de la percepción del ambiente que hemos realizado en el Capítulo 1 es importante. Kant planteaba que somos los conceptos que portamos. Mirar desde un concepto es ver más allá del ente.

El derrotero ambiental desde el antropocentrismo sistémico (sistema de la centralidad del hombre), luego hacia una transición al biocentrismo asistémico (rompe con el sistema anterior), para ir a un proceso de consolidación de la totalidad del ambientalismo inclusivo, nos señala una evolución paralela, concatenada, vinculada y unificada con el pensamiento complejo.

Es notable que la insuficiencia de la visión decimonónica de las disciplinas científicas, abrió las puertas, a partir de las insuficiencias disciplinares aisladas, a una visión compleja. Que ello no sólo es producto de una carencia epistemológica como la señalada sino también de un proceso contextual de desastres ambientales, entre muchos factores, y el consecuente desarrollo de los principios de incertidumbre, precaución y prevención. Bajo la luz de la percepción del riesgo.

Hablar de una totalidad como la ambiental y no abordarlo desde la complejidad, sería un análisis contranatura. No hay ambientalismo inclusivo totalizante que no le corresponda un análisis complejo. Y, por ende un discurso complejo.

Actualmente es difícil que nos encontremos ante medios gráficos y otros procesos comunicacionales que respondan a una sistematicidad compleja transversal. Lo que sí es nuestra pretensión mínima de un discurso medial, es que no sea unidimensional, que sea pluridimensional que dé cuenta de ésa totalidad que es el ambiente.

En este trabajo demostramos como los medios gráficos de Rosario, en los períodos estivales 2011-2012 ante la temática del agua y su escasez social en los barrios, no lo registran como tema y problema ambiental. Lo perciben como visión unidimensional esto es como problema económico o problema social. Nunca ambiental.

Entonces hemos demostrado que la evolución conceptual desde su génesis hasta la actualidad del ambiente ha arribado a una totalidad ambiental inclusiva y que el abordaje sobre ésa totalidad diversa, es el de un discurso complejo y no unidimensional como lo es actualmente. Dicho discurso complejo, es lo óptimo y como mínimo tenemos que pretender que el discurso gráfico medial sea pluridimensional. Así entre lo óptimo que todavía no se alcanza y lo mínimo que planteamos, se lograría una narración mediática de los diarios, para el caso que nos ocupa, que dé cuenta de que la escasez social del agua es un problema ambiental.

Sinópticamente sería:

Diagrama Nº 18

Fuente: elaboración propia.

Teun Van Dijk nos señala acertadamente que las noticias son generadas, construidas y producidas en una contextualidad pretérita y presente al momento de la noticia. Es decir la narración y formación de la noticia en los medios gráficos responde, no a una inexistencia, sino a una preexistencia de sentidos, percepciones, conceptualizaciones y prelaciones que circulan en una sociedad en un momento determinado.

Es que muchas veces la reproducción de sentidos por los medios gráficos, es esencial para la reproducción sistémica de la sociedad. Para el statu quo de un sistema social determinado, es menos problemático insertar un problema en el campo de la economía o de la política que insertarlo como problema ambiental. Es mucho más cuestionador un problema ambiental.

Capítulo 3

ANÁLISIS DE LA PROBLEMÁTICA AMBIENTAL DE LA ESCASEZ SOCIAL DEL AGUA EN LAS NARRATIVAS GRÁFICAS DE ROSARIO DURANTE ENERO, FEBRERO Y MARZO DE LOS AÑOS 2011 Y 2012

En este capítulo vamos a analizar la narrativa de los diarios en los períodos estivales de 2011 y 2012, con vinculación temática con el agua. Para ello tomaremos los tres diarios de mayor circulación en la ciudad de Rosario que son: diario *La Capital*, *El Ciudadano y la gente* y *Rosario 12* (que viene con la tirada del diario a nivel nacional *Página 12*). Este trabajo es una aproximación que, sin embargo, permite afirmar que los medios gráficos de nuestra ciudad no abordan las problemáticas del agua como un problema ambiental.

La tendencia tanto de este diario como la de *El Ciudadano y la gente* y *Rosario 12* ha sido la de focalizar el problema, cuestión que sucede en la actualidad, como un problema sólo económico, o en el mejor de los casos como un problema económico social y sanitario. Lo insuficiente de la narración medial gráfica deja de lado la complejidad y lo que es más importante al ambientalismo inclusivo. Es que con ésta concepción la problemática inversional del agua y su resultante la escasez social, son también un problema ambiental. Todo problema social, económico, de salud y otras diversidades temáticas, en este caso vinculado con el agua, deben ser concebidos como problemas ambientales.

1. LAS NOTICIAS VINCULATIVAS CON LA PROBLEMÁTICA DEL AGUA EN ROSARIO. DIARIO LA CAPITAL

El diario *La Capital* es uno de los diarios de mayor circulación en Rosario y la provincia de Santa Fe. Es el diario que ha sido el decano de la prensa argentina en los albores de la unidad nacional de la segunda parte del siglo XIX. Tiene mucho impacto político y social. Podemos decir que influye en la agenda estatal tanto provincial como municipal.

Tenemos que considerar siguiendo a Weber, Van Dijk y a Morin analizados en el capítulo 2 de este trabajo, que el diario *La Capital*, genera una narración gráfica que influye y produce sentido, pero más que ello, percepción.

Así, la totalidad derivada de su narración es una totalidad perceptual que reduce desde un simplismo potenciado toda la complejidad de la escasez del agua a una cuestión meramente económica y social en algunos casos.

Lo ambiental es totalmente obviado.

Es evidente que el ambientalismo inclusivo es soslayado.

El reduccionismo simplista tiene la pretensión de hacer creer, para el caso que nos ocupa, que la totalidad economicista tal como la narración de la problemática del agua, es la visión acertada, plena, completa y alejada de toda incertidumbre.

El unidimensionalismo que denota la reducción simplista ante la complejidad de la escasez del agua, busca desjerarquizar la problemática ambiental que conlleva la escasez social como la física del bien agua.

Al quitarle posicionamiento de cuestión ambiental y circunscribirla a una dificultad económica le quita prioridad, urgencia y gravedad. Pero más aún, oculta la precariedad en salud de este problema.

Las configuraciones simplistas en las narraciones gráficas que estamos analizando se acotan en:

Diagrama Nº 19

ESCASEZ SOCIAL DEL AGUA ⟷ FALTA DE INVERSIONES

Fuente: elaboración propia.

Esta ecuación al no tomar la cuestión como un problema ambiental, permite su naturalización o normalización.

Una configuración compleja, no unidimensional, de un ambientalismo abarcativo sería:

Diagrama Nº 20

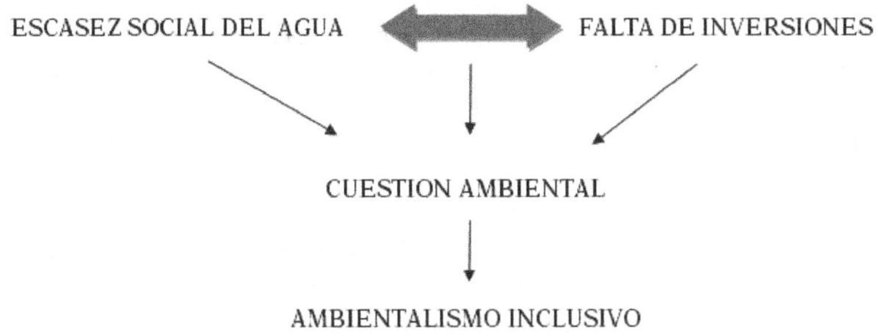

Fuente: elaboración propia.

1.1. NARRATIVA EN ENERO, FEBRERO Y MARZO DE 2011

1)

El 13 de enero de 2011 (*La Capital*, 13 de enero de 2011: 20), se publicaba que el día anterior 12-01-2011, había ocurrido un corte de agua en la ciudad de Santa Fe. Afectaba a muchos vecinos. Dicho inconveniente había surgido a partir la ruptura de una abrazadera de un acueducto de 800 milímetros de diámetro que pasa subterráneamente por avenida Alem. Este acueducto toma agua del río Colastiné.

La situación fue grave habida cuenta la cantidad de personas afectadas como así también impactó negativamente en hospitales, sanatorios, comedores escolares y geriátricos. Por lo cual, la empresa estatal a cargo ASSA (Aguas Santafesinas Sociedad Anónima) envió camiones cisternas para paliar la situación.

Esta escasez social de agua se daba en un contexto de 35 grados de temperatura, con lo cual la problemática se agravó.

El ambiente social estaba caldeado, ya que en junio de 2010 había acontecido el mismo problema, con el atenuante que era invierno. Aunque no alcanzó a disipar tanta indignación de la ciudadanía santafesina.

Podemos observar que la tendencia comunicacional se circunscribe a lo técnico y social, máximo sanitarista, pero no con un concepto marco que sería lo ambiental.

2)

El 14 de enero de 2011. En esta publicación 5 mil habitantes de la zona oeste de Rosario padecen de escasez social de agua. Sobrellevan como pueden el verano. Esta situación, según la publicación, la vienen arrastrando desde mediados de 2010. Ello es así a partir del robo de la bomba ubicada junto a la cisterna (que mezcla agua de pozo y de red) en la zona de Maradona y Rouillón. La empresa estatal ASSA, morigeró la situación enviando camiones cisternas. Situación que no dio abasto (*La Capital*, 14 de enero de 2011: 6).

Se puede visualizar que se aborda este problema desde lo social, faltándole un enfoque ambiental.

3)

El 6 de febrero de 2011 (*La Capital*: 3-5), se publica que se inaugurará una nueva planta potabilizadora en el gran Rosario. La narrativa refiere a un proyecto de construir una nueva planta potabilizadora con una nueva toma de agua, que la misma se internará a unos cien metros en el río Paraná.

Dicho complejo se tenía que construir entre los límites de Rosario y la ciudad de Granadero Baigorria, es decir en la zona norte. La obra significaba una inversión de 230 millones de pesos.

El proyecto implicaba la posibilidad de liberar en un 25% a la producción de la planta de siempre de la calle Echeverría y Avellaneda de Rosario (barrio Arroyito). Con lo cual de los 610 millones de litros de agua potable que genera la planta antes mencionada va poder contar con 125 millones de litros de agua para los distintos barrios que en período estival no acceden integralmente al agua. Ya sea por baja presión o bien, directamente, por falta de expansión de red de agua potable.

Con el Acueducto Gran Rosario podrían acceder a agua del río Paraná, que es la mejor agua, un millón 200 mil personas. El impacto poblacional se distribuye en zona norte y noroeste de Rosario, Granadero Baigorria, Capitán Bermúdez, Funes, Roldan y llegaría a Villa Gobernador Gálvez. La narrativa explicaba que cuando estuviera en funcionamiento produciría 12 mil 500 metros cúbicos de agua potable por día. Que como se dijo, permitía que la planta principal tuviera más litros de agua para otros ciudadanos.

Esta narrativa de los medios gráficos se da en un contexto de gran escasez social del agua en los barrios y localidades del Gran Rosario. No es casual. Sino causal. Se calculaba que cuando estuviera terminado todo el complejo se duplicaría la generación de agua potable de la planta de Arroyito de Rosario. O sea, de 610 millones de litros diarios se pasaría, entre las dos, a mil 220 millones de litros de agua por día.

La noticia del ítem 3 continúa la tendencia comunicacional consistente en un abordaje social. Siendo así divorcial con una vinculación ambiental superadora y abarcativa.

4)
El 6 de febrero de 2011 (*La Capital*: 4), también es publicada la grave situación social, de salud que viven miles de familias. Que por distintas causales dependen de cubas y tanques. De canillas de agua comunitarias para las que, expresaba la noticia, se debía caminar muchas cuadras.

Refiere esta narración a la grave situación que viven en la zona de Olivé y Sorrento. Que abarcaba a cinco mil familias.

Ante la grave situación ASSA (Aguas Santafesinas Sociedad Anónima) había establecido en los cuatro puntos zonales tanques de agua. Que son insuficientes.

El barrio se empezó a formar en la década de 1990, hay mucha escasez de agua. Ni una gota y la situación se agrava en períodos estivales, como el de la época que estamos trabajando, que muchas veces trepa a una sensación térmica de 40 grados.

Muchos de los vecinos agregan a la falta de agua y a la colocación de tanques, la extensión precaria de la red de agua. Que más de las veces presenta muy baja presión. Esta zona aparte de la enorme escasez social del agua se suma la falta de cloacas, de trabajo y una adecuada alimentación.

Es claro, refiere la nota, que la colocación de tanques, escasos desde ya, son meros paliativos, no una solución de fondo. Situación que debería encargarse tanto la Nación como la Provincia.

La escasez social del agua, la afectación a un conjunto de ciudadanos, las altas temperaturas y la insuficiencia del proveimiento por parte del Estado por medio de cubas, no habilitó la posibilidad de realizar un análisis de afectación ambiental.

5)
Con fecha 6 de febrero de 2011 (*La Capital*: 5) la nota periodística refiere a un cortocircuito eléctrico que afectó el suministro de agua potable el 05-02-2011 durante la mañana. El hecho aconteció en la planta potabilizadora. A la tarde de dicho día se solucionó el problema. Afectó a gran parte de los usuarios de Rosario y localidades de la zona. La situación no se generó por el consumo o la alta temperatura, sino a un desperfecto eléctrico en la planta potabilizadora de barrio Arroyito (Echeverría y French de Rosario). Recién a las dos horas las bombas volvieron a funcionar a eso de las 14 horas del día señalado.

Las noticias de los ítems 4 y 5 siguen una línea homogénea de una visión influenciada por la temática técnica, lo social y económica, Adolece de una vinculación ambiental.

6)

El día martes 8 de febrero de 2011(*La Capital*: 15) se publicó que se firmaba el contrato para la primera etapa del acueducto del Gran Rosario. Dicho convenio era importante por la obra de infraestructura que implicaba, cuya envergadura era parecida a la que funcionaba en Monje. Abastecería cuando funcione a un millón 200 mil habitantes de localidades del Gran Rosario. La primera etapa consistiría en los trabajos de la construcción de una plataforma de bombeo que se introduciría a unos 90 metros en el curso del río. Dicha construcción de bombeo implica un monto de 19 millones 800 mil pesos. La empresa adjudicataria era Pellegrinet SA. Asimismo ASSA preveía lanzar la licitación de la planta potabilizadora que se levantaría en el predio de Avda. Circunvalación y ruta 11, en jurisdicción de Granadero Baigorria. El terreno era del Estado provincial. El artículo mencionaba que iba a almacenar del agua potabilizada unos 12 mil 500 metros cúbicos. Equivalía a un 25% de lo que genera la antigua planta. Asimismo la otra etapa de construcción abarcaba la instalación de sistemas de alimentación eléctrica y automatismo. Por otra parte se tenía que construir la cisterna, las estaciones de bombeo diferenciado, la del bombeo de agua cruda del conducto de adición, la de desagües de la planta y del acueducto que debía seguir la traza de la avenida circunvalación. El monto total ascendía a 228 millones de pesos.

Esta nota refiere a la realización, en su momento, del acueducto Gran Rosario. Todo un avance en la neutralización de la escasez social del agua. Sin embargo, no llega a percibir lo positivo que es para el ambiente.

7)

En el diario que tratamos el día 8 de febrero de 2011 se publicó que el gobierno provincial iba a abrir las ofertas económicas para la construcción de la primera etapa del acueducto Desvío Arijón, sistema que iba a permitir optimizar la prestación del servicio de agua potable a más 250 mil habitantes del centro oeste. El monto total era de $219.070.681. La captación de agua se iba a hacer sobre el río Paraná en la localidad de Desvío Arijón y abarcaba la planta potabilizadora. La segunda etapa era que iba a llegar a Rafaela. Las localidades del impacto iban a ser Desvío Arijón, Sauce Viejo y Santo Tomé. Los de la segunda etapa iban a ser Matilde, SA Pereyra, Angélica, Susana, Rafaela, San Carlos Sur y San Carlos Centro.

La obra abarcaba la construcción de una obra de toma, una planta potabilizadora, una estación de bombeo principal con cisterna y 32 kilómetros de construcciones. Cuatro cisternas para las localidades a abastecer, dos en Santo Tomé, una en Desvío Arijón y otra en Sauce

Viejo, y la instalación de una fibra óptica a través del cual se controlaba al acueducto.

Se da la misma regularidad que lo enunciado en la noticia del ítem 6.

8)
El día 1 de marzo de 2011 (*La Capital*: 23) se publicaba que abrieron la licitación pública de la obra Acueducto Gran Rosario. Planta Potabilizadora Granadero Baigorria, etapa I. Ello iba a mejorar a un millón 400 mil personas respecto al suministro de agua potable.

Este proceso se sumaba al contrato que días atrás ASSA suscribió para comenzar la construcción del primer tramo del Acueducto Gran Rosario y la toma sobre el río Paraná, cercana al puente Rosario-Victoria, cuyo monto es de 20 millones de pesos. El ministro de Aguas Antonio Ciancio manifestaba que dichas obras de saneamiento permitían avanzar el proyecto de llevar agua a todos los santafesinos.

Las noticias de los ítems 6, 7 y 8 marca la constante de una visión técnica, social y económica no vinculada a lo ambiental.

9)
En el periódico considerado (*La Capital*, 1 de marzo de 2011: 23), en la localidad de Rufino, anunciaba que se firmaba el contrato para construir una nueva planta depuradora de líquidos cloacales. Ello significaba una mejora ambiental para esta localidad de 19 mil habitantes.

Dichos trabajos fueron adjudicados a la firma Coemyc SA por un monto total de $11.470.149.

La cuestión que planteaba la ciudad de Rufino se trataba de abarcar en su totalidad respecto al agua, lograr su potabilización con una planta de ósmosis inversa, obras de protección urbana contra inundaciones y actividades de ASSA.

La obra se realizaba con aportes del Banco Internacional de Reconstrucción y Fomento (BIRF) por un monto de $12.913.190. Se trataba de la construcción de dos líneas de lagunas en serie.

La construcción de terraplenes y taludes, revestimiento impermeable, cámaras partidoras de salida y de contacto, edificio de cloración y obra de descarga.

Es llamativo que en esta noticia la centralidad está dada por la construcción de una planta depuradora de líquidos cloacales. Con lo cual la proximidad con lo ambiental es hasta forzado, sin embargo, no se hace ninguna vinculación.

10)
El 20 de marzo de 2011(*La Capital*: 6) se publicaba que en la jornada del día 22 de marzo, Día Mundial del Agua, establecido así por la

ONU, ASSA realizó actividades para generar visibilidad y conciencia en Rosario de beber agua de la canilla. Asimismo se buscaba producir confianza en la calidad de este bien.

Ello implicaba también conservar y cuidar el consumo de agua.

Dicha agua de la canilla es de buena calidad y es sometida a 800 análisis por día, para preservar su calidad, sin necesidad de hervirla o filtrarla.

Se conmemoraba el Día Mundial del Agua, en extrañamiento con el ambiente.

1.2. NARRATIVA EN ENERO, FEBRERO Y MARZO DE 2012

11)

El 2 de enero de 2012 (*La Capital*: 6) se publicaba que la Subsecretaría de Prevención y Seguridad Ciudadana municipal que la intendencia destinaba inspectores que debían recorrer el centro de la ciudad para verificar que se cumpliera la ordenanza respecto al uso racional del agua en los comercios de la zona central. Dicha normativa preveía multas que irían de los 200 a los 900 pesos.

La noticia refería también que el control se extendía a los consorcios de los edificios. Las inspección exigían uso de baldes o mangueras con cortes para dosificar el agua que se utilizaba.

Si bien refería la narración a una etapa sancionatoria primero sobre comercios céntricos y luego sobre edificios de la misma zona.

Asimismo dejaba la luz para un resabio de la etapa de concientización, al plantear que ultimaba a los infractores para que adecuara la conducta a la normativa otrora en vigencia. O sea, que no lo sancionaba en forma total y definitiva al transgresor.

En otra etapa se aplicaría la racionalidad hídrica a los lavaderos de autos ubicados entre las avenidas Pellegrini y Uriburu.

Llama poderosamente la atención en ésta noticia como en las otras, no se hace ninguna referencia ni tangencial ni centralmente de que se trata de un problema ambiental.

Podemos ver en este caso que la problemática del agua es reducida como una cuestión urbana y de racionalización.

12)

El 2 de enero de 2012 (*La Capital*: 18), la provincia informaba que iba a reforzar y mejorar la distribución de agua potable en el norte de la provincia de Santa Fe.

Se daba este refuerzo hídrico ante la sequía que estaba castigando la zona norte provincial. Se iba a realizar mediante camiones cisternas que retiraban el agua de la planta potabilizadora de la ciudad de Reconquista.

En otra oportunidad habían puesto 100 camiones cisternas y habían provisto 800 millones de litros de agua potable en un año.

La noticia señalaba que la provincia preveía para el norte de la provincia de Santa Fe tres etapas, una primera de corto plazo de proveer agua potable vía camiones cisternas, la segunda la de dar a las localidades los elementos necesarios para que tengan agua y la tercera la construcción de acueductos.

Como podemos visualizar se aborda el problema como una situación social y geográfica, pero no ambiental.

13)

Martes 3 de enero de 2012 (*La Capital*: 6) se publicaba que se regularizaba el servicio de agua en los barrios afectados por baja presión del fluido vital. Refería que se había roto una bomba por lo tanto bajó la presión y el agua no llegaba a distintos barrios de Rosario. Se había roto una de las nueves bombas que captaban agua del río para la planta potabilizadora de Arroyito. Las ciudades que más se habían afectado eran Granadero Baigorria, Villa gobernador Gálvez y Funes. Respecto a los barrios perjudicados eran La Florida, Lomas de Alberdi, Cristalería, Rucci, Toba, Remedios de Escalada y la franja al sur de Arijón. Los voceros de la empresa estatal ASSA (Aguas Santafesinas Sociedad Anónima) admitieron que el problema es estructural y que la solución sería con la construcción del Acueducto Gran Rosario, que produciría un 25% más de agua potable con respecto a la que produce la antigua y actual planta de barrio Arroyito. Reitera la empresa que es necesario en el contexto de dificultad de hacer un uso racional del vital elemento, planteando que las piletas promedios consumen 2.500 litros lo que equipara al consumo de diez personas en un día.

Así se toma la noticia desde un discurso reducido a un defecto o rotura de una bomba extractora del agua. Muestra la incapacidad de articulado y conectarlo a un problema ambiental.

14)

La noticia del viernes 6 de enero de 2012 relataba (*La Capital*: 3) sobre la inspección del uso de agua en los lavaderos para evitar el derroche del agua. Inspeccionaron 80 lavaderos de autos y encontraron irregularidad en el 20 por ciento.

Se insistía que las mangueras deben tener picos que controlen el flujo.

Manifestaba que había 270 lavaderos habilitados y que en los próximos días se iba a controlar edificios y comercios.

La primera etapa a los transgresores se le llamaba la atención, y en la segunda ocasión se le aplicaba multas que van de 200 a 900 pesos.

Los lavaderos de autos se extendían en el centro, sur y oeste de Rosario. El resultado era que la mayoría se ajustaba a la Ordenanza N° 8.458 del 22 de octubre de 2009, usaban interruptores de agua.

Las hidrolavadoras tienen interruptoras. No así el 20 por ciento de los lavaderos de autos que tienen las mangueras sin pico.

Debieron aclarar que estos porcentuales se aplican sobre un muestreo del 30 por ciento de los 270 habilitados.

Agregaba que al finalizar el 2010 la Municipalidad les envió a comerciantes, consorcios y lavaderos de vehículos una nota dónde se les comunicó que en el 2012 debutaría el régimen de sanciones. Confirmando que dicho momento ha llegado. Por último el artículo refería al fundamento jurídico para actuar y ello databa con la ordenanza mencionada y la del 2010 estableciendo que para lavar veredas se debían utilizar baldes o mangueras con cortes.

La ordenanza de 2009 se refería la racionalización del agua mediante dispositivos como pistolas de agua para los lavaderos de autos y en su momento se daba un plazo de 90 días para su adecuación. Se disponía en régimen sancionatorio multas y clausura por 15 días ante el incumplimiento.

Asimismo hay una norma de agosto del 2009 que establece el Protocolo ciudadano de Ahorro de Agua potable.

Esta nota pone una vez más al descubierto la imposibilidad de concatenar una actitud cultural de ahorro y racionalización del agua con el ambiente.

Resulta palmario que en todos los artículos que analizamos prevalece el reduccionismo e insuficiencia de un solo o pocos aspectos de la cuestión del agua.

Ya sea como problema económico, social o cultural. Pero nunca se lo relaciona en una contextualidad ambiental.

15)

En la ciudad de Granadero Baigorria, lindante a Rosario, el diario *La Capital* publicaba el 07 de enero de 2015 (*La Capital*: 19), que en dicha localidad por falta de presión de agua es que a muchos ciudadanos no les llega el vital elemento.

Esto se convierte en un verdadero calvario. Por dicho motivo señala el diario un grupo de vecinos protestaron saliendo a ruta.

El intendente propuso como salida la realización de pozos para completar y eficientar el agua que viene de las cisternas instaladas en dicha localidad. ASSA, cuestiona la calidad del agua que saldría de allí.

Vecinales asimismo, reclaman que se fue agravando dicho vital servicio, primero en diciembre de 2011 no había presión ahora directamente no hay, manifestaban.

Y, en el inicio del año 2012 no había agua en toda la ciudad, excepto aquellos que tenían cisternas clandestinas.

ASSA daba como solución la repartición de agua sana por medio de camiones cisternas o cubas. Sosteniendo que es un paliativo, que la solución es el acueducto Gran Rosario.

Los vecinos contestaban que dichos camiones no funcionan ni es regular su servicio. Es llamativo que la empresa reconocía que estaba desbordada y que no podía dar respuestas a la demanda y volvían a sostener la construcción del acueducto.

Era claro que la cisterna colocada en su momento en la ciudad no daba abasto, tampoco las cubas y la solución dada por la intendencia, los vecinalistas y aceptada por ASSA era precaria, que era la de hacer perforaciones, obtener agua de napa (freática) mezclarla con agua sana de las cubas y repartirla. Así lo intentaron en barrio San Fernando. Y, se planteaba hacer seis perforaciones más.

Podemos observar la permanente insuficiencia del abordaje mediático al no vincular esta problemática con la cuestión ambiental. Quedando recortada a una temática social y económica de falta de inversiones. Lo cual no es un dato menor, pero deja al desnudo la falta de una concepción integral ecosistémica: esto es de insertar la escasez social del agua en el ambiente. La insuficiencia manifestada marca una tendencia mediática mecánica de encarar estos conflictos ajenos al ambiente. Marca también lo difícil que se hace, cultural y educativamente, poder acceder a pensar de otra manera. Dejar esta problemática en lo social y económico es derrochar irresponsablemente ambiente sano. Pero es más aún, no tener una visión ambiental, es decir compleja e integral, impide el principio de prevención y precaución. Por ejemplo el principio de precaución y prevención ambiental, desde una concepción integral del problema, a rechazar los pozos pues pueden tener contaminantes como arsénico. No percibir el sentido ambiental de estos problemas, no sólo es una insuficiencia sino también una desjerarquización del problema y un reduccionismo que nos impide visualizar la envergadura prioritaria de la temática.

16)

El domingo 8 de enero de 2012 (*La Capital*: 37) se publicaba que ante la sequía en el norte santafesino, el estado provincial con la empresa ASSA, iba a garantizar el agua sana para consumo humano. Se comprometía a realizarlo, dada la escasez climática del esencial elemento, por medio de camiones cisternas. Es decir cubas de agua potable. Se manifestaba que en el 2008 se distribuyó 200 millones de litros de agua sana a las poblaciones afectadas, con una inversión de 13 millones de pesos. Y, detallaba el Estado, que distribuyó en el departamento Vera

85 millones de litros de agua, en el departamento 9 de Julio se distribuyeron 100 millones de litros y en San Cristóbal 15 millones. Las localidades en que se distribuyó son: Intiyaco, Cañada Ombú, Los Amores, Garabato, Vera, Toba, Tartagal y Fortín Olmos (departamento Vera), Santa Margarita, El Nochero, Gato Colorado, Villa Minetti, San Bernardo y Pozo Borrado, Tostado (departamento 9 de Julio), Ceres, Hersilia, La Avispa y Curupaity (Departamento San Cristóbal).

El estado provincial, señalaba que en ése momento estaban distribuyendo 500 mil litros de agua potable por semana a cerca de 10 mil ciudadanos del norte santafesino y que agregaría un significativo aporte llegando a un millón de litros. La obtención de agua sana para los camiones cisternas la obtenían de la planta potabilizadora de la ciudad de Reconquista. Se marcaba la planificación para la escasez social del agua en tres etapas:

1. Mediante camiones cisternas o cubas de agua sana.
2. Proveer a dichas localidades los elementos necesarios para acceder.
3. La construcción de acueductos.

En la primera se puede distinguir la emergencia. En la segunda mediante ósmosis inversa y la tercera con la construcción de acueductos como el de Reconquista que evitaría la escasez. Esta última sería la solución de fondo.

En la percepción y construcción de sentido, los medios gráficos, enmarcan en esta noticia como una cuestión solamente humanitaria, importante desde ya, pero se mantiene constante la actitud divorcial y de ajenidad con el ambiente.

17)

El 10 de enero de 2012 (*La Capital*: 4) publicaba que la provincia definía en esos días una suba en la factura del agua. Tanto el Ministerio como la empresa ASSA (Aguas Santafesinas SA) y la opinión del ente regulador ENRESS era a favor de un aumento. La prestadora pidió 138% de aumento en tres etapas una el 80% en el primer bimestre del año 2012 y otros dos 15% en el segundo y tercero bimestre. El ente regulador, que es más que de control, emitió positivamente por un aumento pero con un porcentaje proporcional a que la más baja sería para viviendas y cocheras, la más alta para fábricas, mediana empresa y shopping. El ENRESS recomendó así 57,30%para los más pequeños usuarios, los grandes usuarios a 105,70%. Ello fue luego de dos audiencias públicas realizadas. Hay cinco categorías de usuarios, la más baja abarca a viviendas y cocheras y pequeños comerciantes, mientras que la más alta agrupa a 2.600 industrias, shoppings y casinos.

Contextualizando la situación, realmente es preocupante la falta de percepción y visibilización ambiental del abordaje mediático gráfico. Primero esta noticia se da en un contexto de escasez social y segundo en un paisaje con temperaturas. En la percepción y construcción de sentido los medios gráficos enmarcan esta noticia como una cuestión solamente humanitaria, importante desde ya, pero se mantiene constante la actitud divorcial y de ajenidad con el ambiente de 40 grados y exhibe la asimetría entre un aumento del 138%del estado provincial y más de 10 mil familias en el norte de Santa Fe y muchas familias en Rosario que padecen escasez social del agua. Esta ausencia de agua sana, la asimetría entre demanda social por salud en agua y la exigencia del aumento palmariamente señala un problema ambiental no enunciado explícitamente.

No obstante la falta de enunciación, esta escasez social del agua no deja de señalar la lesa ambientalidad que sufría la región.

18)

El 10 de enero de 2012 (*La Capital*: 17) de nuevo los vecinos de Granadero Baigorria tuvieron que salir para reclamar por agua sana que por falta de presión era inaccesible para la ciudadanía. Como vemos no se había solucionado lo planteado días pasados. Esperaban que la declaración de emergencia hídrica del Consejo Municipal de Granadero Baigorria permitiría al intendente reclamar subsidios al estado nacional. La ciudadanía se quejaba porque las cubas no llegaban eficientemente, porque no tenían regularidad y dependían de que el vecino llame, siendo muy difícil comunicarse. Asimismo los vecinos invertían mucho tiempo esperando, porque no había horario fijo, cuando solicitaban el agua tenían que esperarla sin horario preestablecido de arribo.

19)

El 11 de enero de 2012 (*La Capital*: 15), el estado municipal de Granadero Baigorria, ordenanza mediante, declaró la emergencia hídrica. Todo ello por la falta de provisión de agua. Facultaba dicha norma al intendente a realizar todo tipo de gestiones ante la empresa ASSA (Aguas Santafesinas SA), el gobierno provincial y el nacional a fin de dar respuesta a la ciudadanía. El intendente con este instrumento jurídico comenzó a realizar gestiones ante el Ente Nacional de Obras Hídricas y Saneamiento, solicitando fondos nacionales a fin de realizar los trabajos para morigerar la situación. También fue de la partida del raid ante el ministro de aguas Antonio Ciancio. El titular de ASSA, aportó los datos técnicos de las obras que se necesitaban.

Las autoridades de Baigorria sostuvieron el paliativo consistente en realizar perforaciones obtener agua de allí, mezclarla con la que llega en la red y se debería sumar el aporte de los camiones cisternas.

Las perforaciones ya se realizaban en el barrio San Fernando de dicha localidad. Paralelamente acontecía una asamblea de vecinos que planteaban tres cuestiones fundamentalmente: primero que lo reciba el ministro de Aguas, segundo que se funcionalice los mecanismos de la provisión de agua con camiones cisternas y que se aumente la provisión de agua potable. Asimismo se solicitó que el hospital Eva Perón informe sobre afecciones que hayan ocurrido entre los habitantes por la falta de agua.

La ordenanza que declaraba la emergencia hídrica, aparte de facultar de realizar gestiones estaduales estamentales, lo más interesante y novedoso era que podría realizar contrataciones directas de compra y celebrar todo tipo de contratos a los fines de restablecer el servicio de agua potable en la ciudad.

El problema de la escasez social del agua comenzó en diciembre de 2011, relataba el artículo del diario *La Capital*, y se intensificó en enero de 2012. Entre los problemas, uno de los mayores, es la falta de presión. No llega al tanque, entonces, no hay distribución.

La empresa trataba de paliar la situación con los camiones cisternas. A sabiendas que la solución del problema de fondo es el Acueducto Gran Rosario. La planta de potabilización de French y Echeverría no daba abasto con la demanda.

Las noticias expuestas en los ítems 17 y 18 daban cuenta de la problemática de la escasez social del agua, la falta de presión, la cronificación de problemas sociales y de insuficiencia de políticas públicas. No obstante ello, no se hacía ninguna referencialidad con la temática ambiental.

20)

En esta crisis hídrica en el período estival diciembre de 2011 y enero de 2012 (*La Capital*, 12 de enero de 2012: 20) en Granadero Baigorria la dirigencia municipal gestionaba intensamente una solución.

Esta noticia gráfica relataba la continuada saga del conflicto de la escasez social del agua en Granadero Baigorria. Una localidad de 50 mil habitantes, que padecía en pleno período estival, con altas temperaturas, describía que la solución más inmediata era la perforación a 45 metros de profundidad, para obtener agua de napas. ASSA (empresa provincial estatal) planteaba como solución la construcción de una planta de almacenamiento con una gran cisterna de 1000 metros cúbicos. Pero se planteaba a obtener de napas, como se señaló antes. Ahora bien, no surgía de la noticia cómo iban a potabilizar el vital elemento para luego distribuirlo.

Todos los actores, de Granadero Baigorria, de la provincia y los vecinos observaban que la solución definitiva era el acueducto Gran Rosario cuya construcción estaba en marcha.

La crisis del agua, por la escasez social (no se accede al agua por falta de política de inversiones pública) es captada unidisciplinariamente por una visión económica, alejada de una visión multidisciplinaria vinculada al ambiente.

21)

En este marco complejo se anoticiaba el aumento de la factura de aguas. Que la misma, dentro de la provincia de Santa Fe y en las 15 localidades de la jurisdicción de ASSA, se iba a aumentar entre el 63 y 117 por ciento (*La Capital*, 18 de enero de 2012: 3)· El incremento iba a comenzar a regir a partir del 1 de enero de ése año. La novedad era que se iba a tomar en consideración los metros cúbicos de consumo presunto (tomar en consideración que gran parte de la tarificación es en base a la superficie y no a medidores), que se fraccionaba dicho incremento en tres bimestres. Se realizaron durante el mes de diciembre de 2011, dos audiencias públicas convocadas por el Ente Regulador de Servicios Sanitarios de la provincia de Santa Fe (ENRESS), una en Rosario y la otra en la ciudad de Santa Fe. ASSA tomo algo en consideración, de lo dictaminado por el ENRESS del aumento del 138 por ciento que quería aplicar, lo redujo a un tope de 117 por ciento. Esa franja aumentativa del 63 a 117% se comenzaba a verificar con los aumentos en la facturación del primero de marzo, retroactivo a enero del año señalado.

Lo que buscaba el Estado era reducir a un tercio la mitad de los aportes que realizaba el tesoro de la provincia para que funcione la empresa ASSA. Se daba un desplazamiento de costos desde el Estado hacia los usuarios para el funcionamiento de la empresa estatal. Algo rechazado por los ciudadanos. Sin embargo, gracias a la Cátedra del Agua de la UNR y la Asamblea por los Derechos Sociales, entre otros actores y entidades científicas y sociales, se logró una reducción tarifaria, segmentada y coherente con el consumo. Se logró imponer al Estado un criterio de sustentabilidad ambiental en las tarifas. El que más consume más paga.

ASSA sostenía que los costos de producción y operación desde 2006 a la fecha subieron un 326 por ciento, casi cuatro veces más que los ingresos tarifarios.

El aumento con características de sustentabilidad ambiental presentaba cinco categorías. Primer rango, 182 mil usuarios, el 30,4 por ciento de las cuentas residenciales con consumo de cero a 22,14 metros cúbicos. El primer bimestre un incremento del 30%, el segundo una suba del 11 % y el quinto bimestre 13%. Se producía un aumento acumulado en un 63%. Segundo rango, 229 mil usuarios, el 38% de los usuarios residenciales con un consumo de hasta 40 metros cúbicos por bimestre. El aumento iba del 41% en el primer bimestre, el 11 porciento en el segundo y el 13 % en el quinto. Se consolidaba en un 73%. Tercer rango: 168 mil usuarios, el 28% del universo residencial de ASSA, con un consumo entre 40 a 70 metros cúbicos por bimestre. Era un aumento del 56% en el primer bimestre, del 15 en el segundo y del 13 en el quinto, llegaba a un 103% consolidado. El cuarto rango abarcaba a unos 31 mil usuarios, cerca del 5 por ciento de los usuarios residenciales que presentaban como consumo un registro entre 70 a 300 metros cúbicos por bimestre. Presentaba un aumento del 67 por ciento en el primer bimestre, del 15% en el segundo y del 13% en el quinto. Resultaba un acumulativo de 117%. Por último un quinto rango eran 376 industrias y grandes comercios que consumían por encima de los 33 metros cúbicos por bimestre. El aumento se presentaba del 78% para el primer bimestre, del 15 para el segundo y 15% para el quinto. Era un acumulativo total del 135%.

No obstante la explicitud que buscaba desplazar costos de ASSA desde el Estado a los usuarios, ASSA se comprometía en 45 días a tener un proyecto de colocación de medidores, y a colocar 60 mil medidores en los próximos dos años, una cifra muy ambiciosa, ya que en ese momento en las quince localidades donde opera ASSA existían 110 mil medidores y cada uno valía 500 pesos, con lo cual el costo de lo que prometía era de 30 millones de pesos. La sustentabilidad ambiental de los medidores era y es muy importante, ejemplo en Capitán Bermúdez, según dichos de ASSA es la única ciudad totalmente medida, el consumo es de 180 litros por persona, en Rosario, donde había pocos medidores, el consumo es de 600 litros. Asimismo, la empresa se comprometía a renovar instalaciones de caños pluviales y de cloacas en el casco antiguo de Rosario. Que siempre colapsaba ante una lluvia mediana.

El abordaje del aumento tarifario se encuentra focalizado desde lo económico en forma lineal. No hay ninguna vinculación ni siquiera tangencialmente con el ambiente.

22)

El gobernador de la provincia defendió los aumentos. Planteaba que era para que hubiera inversiones (*La Capital*, 19 de enero de 2012: 3). Era confuso, porque se decía, también, que era para reducir el aporte del Estado a la empresa estatal ASSA.

Ello se daba en un cuadro donde el ENRESS criticaba el aumento, los porcentajes y la falta de precisión de parte del Estado respecto a las inversiones en obras que iba a hacer y los medidores que iba a poner. Ello habida cuenta, que era el motivo fundante, entre otros, para justificar los aumentos.

El ENRESS también criticaba el aumento porque era muy distinto al propuesto por este organismo. Había propuesto que en ningún rango superara el cien por ciento, cuando en tres rangos supera dicho porcentaje. Y, también planteaban que las audiencias públicas, sin bien no son vinculantes, no son para hacer catarsis la ciudadanía, sino para que las escuchen. Criticaban también que el estado provincial le daba a ASSA 45 días para que presente un plan de obras y de colocación de medidores. Dicho plazo y precisión lo tendría que haber hecho, la empresa, con el cuadro tarifario anterior. El ENRESS cuando dictaminó un aumento distinto exigía que ASSA colocara 66 mil medidores en dos años y que el tercer aumento (en el quinto bimestre) estaba condicionado al cumplimiento de parte de esa meta. La provincia reconoce estas falencias de ellos mismos y de ASSA, pero las relativiza. Por último el aumento tarifario aplicado por el estado provincial ya incluye la colocación de medidores, con lo cual su colocación tiene que ser una exigencia y no una solicitud del usuario.

Aquí vemos que el debate del aumento se concentra en una cuestión totalmente economicista. Es ajena la noticia a todo análisis multidisciplinario ambiental.

23)

"La bajante del río podría afectar la prestación del servicio de Aguas"; esta noticia era del 20 de enero de 2012 (*La Capital*: 3) en el diario *La Capital* sin lugar a dudas y así a todas luces se presentaba como un problema fuertemente ambiental.

Sin embargo el medio gráfico tampoco lo tomo así. Narraba que el Paraná, a la altura de Rosario, descendía otros siete centímetro ubicándose a 1,80 metros en la zona del puerto de Rosario. Dicha medida se ubicaba en la mitad de la pauta del río en el mes de enero que es de 3,60 metros. Esta baja indudablemente implicaba una baja muy grave de 3,66 m el 13 de noviembre de 2011; 3,50m el 24 de noviembre de 2011; 3,40m el 5 de diciembre; 3m el 18 de diciembre; 2,62m el 27 de diciembre; 2,2m el 7 de enero de 2012 y 1,80 metros de profundidad el 20 de enero de ese mismo año. El problema era grave, si no había un aumento pluvial podía provocar problemas en la prestación. ASSA pedía mientras tanto un uso racional del agua. Pero el contexto era aún más grave: la alta temperatura generaría aumento de demanda produciendo que a varios barrios el agua no llegara por falta de presión. El problema se desencadenaría si la altura del río llegara a 1,50 metros. Hasta ese momento las quince bombas funcionaban bien. Se extraían normalmente del Paraná entre 26 a 28 mil metros cúbicos de agua por hora. En 2009 la profundidad del río llegó a 1,50 metros con lo cual ASSA tuvo que disponer de una bomba de agua suplementaria. En mayo de 2009 el nivel llegó a 1,02 metros y tuvo que duplicar las bombas para extraer agua. ASSA recomendaba el uso racional y evitar el derroche. Así manifestaba que una canilla que gotea pierde 35 mil litros por año. Lavar un auto con manguera despilfarra unos 500 litros por hora. Y, que para preservar el agua de piletas se la conservaba con una gotitas de cloro o agua lavandina, se evitaba cambiar el agua.

Es sorprendente que esta noticia, que es palmariamente ambiental, en sentido explícitamente patente, sin embargo, en ningún momento se señala a esa problemática como ambiental. Queda encerrada como un problema solamente de potabilización y distribución del agua.

24)

No obstante la constante en todas las noticias gráficas del diario *La Capital*, de no contextualizar la temática del agua con el ambiente, es curioso que aún aquellas noticias que son explícitas y patentemente ambientales no se vinculan con lo ambiental.

El norte de Santa Fe presenta situaciones de sequía. En la localidad de Villa Minetti, el 20 de enero de 2012, el acueducto a cielo abierto estaba obstruido, tuvieron que repararlo, con lo cual el agua empezó a circular y llegar a dicha localidad y zonas afectadas por la sequía (*La Capital*, 20 de enero 2012: 18). También ayudaría a unos 600 establecimientos agropecuarios en una zona de 400 mil hectáreas de los departamentos 9 de Julio y Vera, en el norte de Santa Fe. Seis estaciones de bombeo toman el agua en la intersección del río Salado y la ruta nacional 95.

La falta de acueducto en funcionamiento y el panorama de sequía no logra abrirse camino para tomar la cuestión como un problema ambiental.

25)

El 21 de enero de 2012 trece barrios de Rosario no tienen agua potable y empezaron a abastecerse con camiones cisternas o con cubas.

El panorama es complicado por la baja presión en la distribución, aumento de la demanda, alta temperatura y el nivel del río seguía bajando (*La Capital*, 21 de enero de 2012: 3).

Para ello ASSA le dedica 22 camiones cisternas, la temperatura trepaba 37 grados los barrios eran Godoy, Cristalería, Nuevo Alberdi Este y Oeste, Bella Vista, San Cayetano, Santa Clara, Tío Rolo, La

Vincha, Las Palmeras, en el corazón de las Flores, San Francisco Solano y barrio Toba.

También afectaba la barriada cerca de la nueva cancha de hockey en Mendoza al 9000. Diecisiete camiones tienen cubas de 8 mil litros y cinco llevan 30 mil.

Esta situación, según ASSA, produce una asimetría porque en dicho impacto territorial por la vía de red, si funcionara, se consumirían 600 mil litros por día, con las cisternas el consumo trepó a 900 mil litros por día. ASSA manifestaba que colocaba cisternas (tanques en los barrios) que se llenaban con los camiones cubas.

No obstante la gravedad dada por la expansión de la escasez social del agua, potenciada en el período estival, el relato gráfico no lo percibe como cuestión ambiental.

26)

Otra noticia referida indirectamente a la anterior, es la del 22 de enero de 2012 (*La Capital*: 6).Los concejales de la oposición criticaron la falta de previsión de la empresa ASSA ante esta situación. Dicha imprevisión afectó a 13 barrios de Rosario que estaban abastecidos con cubas.

Se criticaba asimismo que siendo Rosario segunda más importante del país y teniendo el segundo río más caudaloso del mundo tuviera problemas de suministro. ASSA confirmaba que la planta potabilizadora funcionaba normalmente pero la alta demanda por las altas temperaturas hacía que el agua escasee produciendo baja presión en los extremos de la red.

Asimismo, crecía el planteo de municipalizar el servicio público del agua que se encontraba y se encuentra en la órbita provincial.

Esta discursividad permanentemente excluía todo abordaje ambiental al respecto. Seguía circunscripto a una cuestión exclusivamente sanitarista.

27)

Vinculadas a las noticias anteriores, ASSA buscaba mejorar el servicio de agua y cloacas (*La Capital*, 29 de enero de 2012: 8). Ante la grave situación del agua, la entidad trata de justificar que estaba realizando inversiones por un monto igual al doble de la inversión que realizó cuatro años atrás. La solución de fondo es el Acueducto Gran Rosario, mantenía ASSA. Enunciaba que la planta potabilizadora de Arroyito (Echeverría y French) había invertido 25 millones de pesos para mejorar. Esta planta proveía aparte de Rosario a cuatro localidades.

En el Acueducto se invertía en los dos primeros años 125 millones de pesos, y que agregaría 25% más de agua. Con lo cual mejoraría el servicio para Granadero Baigorria y Capitán Bermúdez y barrios de Rosario.

Mientras tanto la empresa expresaba que construía paliativos como la POI (Planta de Osmosis Inversa) en barrio Godoy. Agregaba ASSA, que en el cuatrienio 2008-2011 se invirtieron 105 millones de pesos contra 56 millones invertidos para ese período. Proporcionalmente en Rosario en dicho período es de 23 millones contra 50 millones en dicha actualidad.

Como podemos observar el análisis empresarial estatal es estrictamente economicista y así concluye la narración del medio gráfico.

28)
En la contextualidad del problema distintos concejales piden audiencias explicativas en los distritos con la empresa ASSA.

Se buscaba que los vecinos del lugar que sufren el problema puedan expresarlos ante los responsables del servicio (*La Capital*, 30 de enero de 2012: 6).

Las audiencias territoriales de la problemática de provisión de agua son abordadas exclusivamente como temática administrativista y sanitarista.

29)
El Concejo Municipal de Rosario, el 9 de febrero de 2012; se publicaba que dicho organismo quería implementar una comisión de agua y energía (*La Capital*, 9 de febrero de 2012: 4). En dicha nota periodística se hace referencia a la iniciativa de reflotar la Comisión Especial por el Agua, creada en el 2004. Sería, dice la noticia un ámbito del Concejo muy importante de participación e incidencia social sobre la problemática.

Por otra parte se critica que ASSA no tenga visión ni planificación táctica ante la cuestión de la escasez social del agua mientras se espera la solución de fondo que es el Acueducto Gran Rosario, que estaría terminado en el 2014. Que la situación era muy grave tomando en consideración que el 40% de Rosario tampoco tiene cloacas, sostienen concejales de la oposición.

El discurso medial gráfico era circular, pero no sólo por el medio reproductor de noticias sino también por los actores. Se puede detectar que el problema era solamente económico (falta de inversiones), político (falta previsiones) y social (escasez en los barrios). Tres facetas del fenómeno que, de distintas maneras, se combinan en un desarrollo desigual y narran la realidad problemática del agua. Sobresale que no se incluye la faceta ambiental abarcativa de las otras tres.

El sábado 10 de marzo de 2012 (*La Capital*: 5) la empresa ASSA declara que se colocarán 7.800 medidores de agua en el macrocentro y las zonas sur y norte. En el mes de marzo iban a poner 400 medidores que se sumaban a los 7.400 a partir de abril. Se renovaran 4 mil. Que el objetivo de ASSA es que el 30% de los usuarios lleguen a tener medidores. El costo para el vecino, 380 pesos en tres cuotas. También se incluía que para toda conexión nueva se tenía que colocar un medidor de agua. En Rosario la cobertura de la medición era del 20%, en Capitán Bermúdez 100% y en Cañada de Gómez llegaban al 35%.

Este plan era por cuatro años. La empresa ASSA anunciaba que licitaba 5 mil medidores nuevos que se distribuirán en distintas localidades, la mitad de los medidores quedaban en Rosario.

Decíamos que la noticia gráfica en sí y de los actores que plantean ideas dentro de dicha noticia exponen una orfandad ambiental que preocupa. Así focalizaban que el uso de medidores de agua sirve para racionalizar y ahorrar, pero lo que no se dice es que es muy importante ambientalmente porque con el medidor se dosifica el consumo, evita irracionalidades, y por ende se consume menos energía y se contamina menos. Esto señala la carencia de una visión ambiental.

30)
Había 300 millones de personas afectadas por año, por desastres, epidemias o desplazamientos de población que por ende sufren problemas de agua, saneamiento e higiene básicos según la ONG "Acción contra el Hambre" en el VI Foro Mundial del Agua en Marsella (*La Capital*, 13 de marzo de 2012: 21). Las personas víctimas de las crisis del agua podría aumentar en un 50% con el cambio climático. El impacto urbano de crecimiento anárquico de megápolis, donde nacen a dos personas por segundo es otro dato de complejidad.

La OMS, decía que el objetivo de la ONU de elevar la cantidad de personas con acceso al agua para el 2015 se había logrado ya a finales de 2010. Este dato fue cuestionado por Solidarites International que señaló que mil 900 millones de personas seguían careciendo de agua segura y no los 783 millones estimados por la ONU.

La Unesco planteo un documento: "Gestionar el agua en medio de la incertidumbre y el riesgo". Establecía que casi la mitad del agua potable son aguas subterráneas.

En el siglo XX, se produjo una "revolución silenciosa" que afectó cada vez más a estos recursos. En los países en desarrollo el consumo podría aumentar en un 50% sobre los valores de 2011. En Asia y en África más de un 40% de países podrían sufrir escasez grave de agua potable para el año 2040. Planteaba que como el agua estaba muy expandida y es barato su consumo no se mide directamente sino que se calcula. Y, que el 80% de las aguas industriales no se depuran. En 2006 se indicaba que el uso del agua era un recurso escaso para la minería. Tras 20 años de megaminería ha dejado al Perú un país devastado. La minería se ha apropiado de los recursos hídricos.

El Foro VI Mundial del Agua del Consejo Mundial del Agua de la ONU no visualiza, al igual que la nota periodística, el aspecto ambiental de la problemática mundial del agua.

31)

En la noticia del 19 de marzo de 2015 (*La Capital*: 21) relataba sobre el Foro Mundial del Agua N° VI en cuya dirección se encuentran las multinacionales privadas del agua. Reclamaron que se aborde el problema como un problema global para beneficio de la humanidad. También se decía que la actitud mundial por el problema hídrico ha cambiado radicalmente. La reunión del Foro se realiza cada tres años, convocaron a diez mil personas, haciendo hincapié que los parlamentos son cruciales para lograr una gestión sustentable del agua.

El Foro Alternativo planteo que el agua es un derecho y pertenece al bien común universal y que no es una mercancía. Sosteniendo que respecto al agua se tiene que lograr que la ONU cite directamente a todos los actores mundiales y no dejarlo en manos del Foro Mundial del Agua que está gestionado por las multinacionales privadas del agua.

La noticia relata la problemática del agua en el mundo. Es altamente positiva la visión crítica del Foro Alternativo a las multinacionales privadas del agua que gerencian el Foro Mundial del Agua N° VI. La carencia de vínculo de la cuestión con el problema ambiental sigue vigente.

32)

La provincia de Córdoba y las universidades de siete países europeos investigaban las cuencas de los ríos Suquía y Los Molinos (*La Capital*, 19 de marzo de 2012: 21) que abastece a la ciudad de Córdoba.

Dicho estudio es para revertir la escasez y mejorar la calidad del agua en la zona. Se estudiaba el sistema de abastecimiento del agua y el riego. Se estudiaba el impacto de los plaguicidas y fertilizantes que se usan por millones de litros sobre el agua y la zona en general antes descripta.

En esta noticia a pesar de analizar ríos y el problema de los plaguicidas no se lo vincula con la cuestión del ambiente.

33)

El 23 de marzo de 2012, Aguas Santafesinas Sociedad Anónima-ASSA (empresa estatal de la provincia de Santa Fe) efectuó un estudio, realizado por una entidad privada, que da como resultado que los rosarinos consumían un 37,5% más de agua que el promedio nacional

(*La Capital*, 23 de marzo de 2012: 5). En todo el país cada habitante utiliza 400 litros diarios, en Rosario la cifra llega a 550 litros. Según el estudio se gasta más en la higiene hogareña. El 90 por ciento de los clientes de ASSA son domicilios particulares. Según ASSA, el mayor nivel de consumo se daba en los particulares más que en las empresas o industrias. Detectaron que se usa irracionalmente el agua en la limpieza hogareña, lavado de veredas y piletas de lona que recambian el agua casi a diario. Una manguera puede reducir 10% su consumo con sólo el añadido de un pico de corte. La pileta de lona más chica se llena con 2.500 litros de agua y se la renueva todo el tiempo "deja de hacerse un uso racional". Un ciclo de lavarropa consume entre 100 a 200 litros de agua y para lavar los platos de una comida de cuatro o cinco personas se utilizan 100 litros. Un baño de infusión implica 150 litros y una canilla que gotea pierde cuatro litros por hora. De acuerdo a la Unesco el país más pobre en agua es Kuwait, Argentina se ubica en el puesto 43 de riqueza hídrica. Por ser un país rico en bienes hídricos, es que se consume por día 200 litros más que el promedio mundial. En Santa Fe el abastecimiento de agua potable se da por dos captaciones: la del río Paraná y la captación de aguas subterráneas. ASSA y Aguas Welco colocaron dispensers comunitario en las localidades de Pueblo Andino y Alvear, para abastecer agua que no llega a dichas zonas. Se cargaba, señalaba la noticia, con tarjetas y una familia de 4 integrantes pueden hacer uso de 50 tarjetas por mes.

La descripción crítica del consumo abusivo e insustentable del agua no está vinculado con el ambiente. La insuficiencia vinculativa con el ambiente era palmaria.

34)

El aumento tarifario de agua de más del 100% en vigencia desde febrero de 2012, por la empresa ASSA fue impugnado por una ONG, por una resolución judicial que abrió el recurso de la Ley N° 10.000 de la provincia de Santa Fe. La cautelar automática, prevista en la norma, que hubiera dejado en suspenso el aumento, ante la presentación de la provincia de Santa Fe, la dejó sin efecto el juez. Con lo cual el impacto jurídico, en principio, se diluyó (*La Capital*, 22 de marzo de 2012: 5).

No se hace una crítica respecto a que el aumento puede generar inaccesibilidad a un ambiente sano, para aquellos, que en principio no puedan pagar. La noticia no logra vincularla con la problemática ambiental que genera un aumento de la tarifa del agua. La potabilización, distribución y accesibilidad del agua tiene un costo que tiene que ser soportado por la comunidad y no individualmente. El sostenimiento económico del agua por parte de la comunidad genera sustentabilidad ambiental.

Diagrama Nº 21

Fuente: elaboración propia.

Gráfico Nº 1. Grado de percepción de ambientalidad, resultado: inexistente en el diario *La Capital* de Rosario en el enfoque del problema de la escasez social del agua en Rosario.

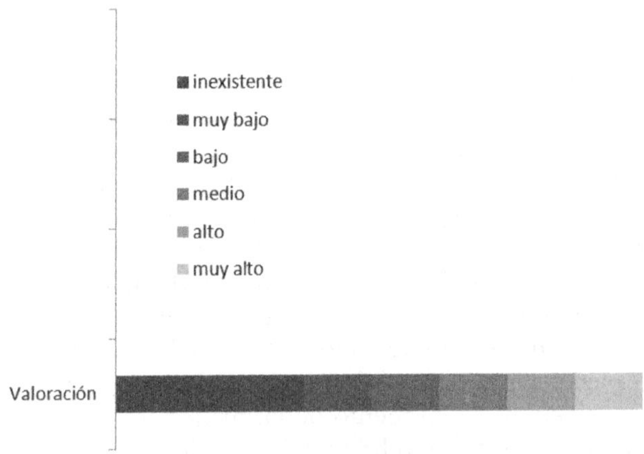

Fuente: elaboración propia. Grados de percepción ambiental de las narraciones gráficas, surgidos del análisis de las publicaciones de todas las noticias de los tres diarios, en los períodos comprendidos. Graduación: de e 1 a 3 inexistente. De 3 a 6 muy baja, 6 a 9 baja, 9 a 12 media, 12 a 15 alta y de 15 a 18 muy alta percepción ambiental.

2. LAS NOTICIAS VINCULATIVAS CON LA PROBLEMÁTICA DEL AGUA EN ROSARIO. DIARIO *PÁGINA/ROSARIO 12*

2.1 NARRATIVA EN ENERO DE 2011

35)
En el diario *Rosario 12* (12 de enero de 2012: 4) publicaba que por rotura de un caño maestro gran parte de la ciudad de Santa Fe había quedado sin agua el día 12 de enero. Este caño maestro capta agua de la Toma Hernández del riacho Santa Fe. Por lo que se fusionó con uno de los dos acueductos que llevan agua a la planta potabilizadora para luego distribuir. Hubo baja presión domiciliaria y en algunos casos directamente no había agua. Todo ello en un contexto de una temperatura de 34 grados.

ASSA informaba que se había producido la rotura de un caño maestro, es decir en el acueducto que toma agua cruda a la altura del puerto. Y que sólo se mantenía el acueducto de la toma de Colastiné, lo cual produjo la reducción de la entrega de agua en red. Terminaba de comunicar la empresa que a eso de las 18 horas del 12 de enero se empezaba a regularizar el servicio, al normalizarse la presurización.

Podemos nuevamente observar como una constante que la escasez del agua potable se enfoca como un problema social o urbano, en el mejor de los casos, pero no como una cuestión que a todas luces es ambiental. Tenemos que connotar que con 34 grados potenciados en Santa Fe con una sensación térmica alta, el problema ambiental era agudo.

36)
Por la crisis hídrica del día 13 de enero de 2011 en la ciudad de Santa Fe, de la toma del riacho Santa Fe (*Rosario 12*, 13 de enero de 2011: 4) el Ente Regulador de Servicios Sanitarios (ENRESS) inició una investigación por la rotura del caño maestro que tiene 20 años de existencia y que debería tener 50 años de vida útil.

El ENRESS planteaba que era la tercera rotura en conductos claves en el período de dos años.

Por ello se tenía que hacer una investigación, habida cuenta que durante 13 horas casi la totalidad de Santa Fe no tuvo agua.

Dicha investigación como manifestación de control era para mejorar el servicio estatal de agua. Que antes, en la época de la privatización, hubiera implicado una sanción económica. En cambio ahora era para mejorar el servicio. Dado que la empresa estatal con regulación, control y participación de los usuarios mejoraría el servicio.

La noticia no hace ninguna vinculación entre el problema de ingeniería (rotura de un acueducto), la escasez del vital elemento y el padecimiento de los ciudadanos con la cuestión ambiental.

Diagrama Nº 22

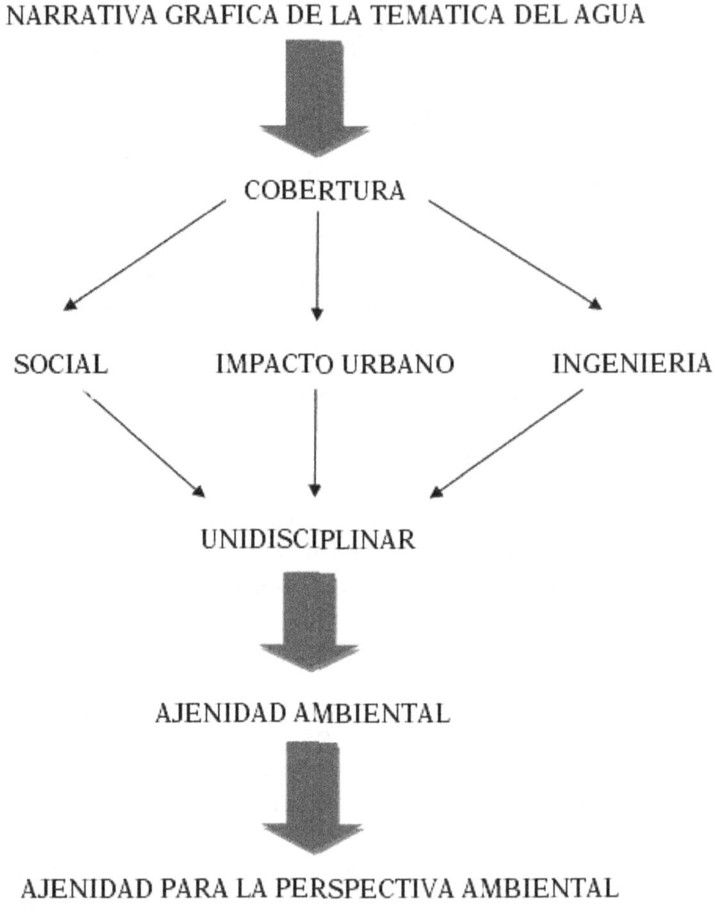

Fuente: elaboración propia.

Gráfico Nº 2. Grado de percepción de ambientalidad, resultado inexistente en el diario *Página12/Rosario12* en el enfoque del problema de la escasez social del agua en Rosario

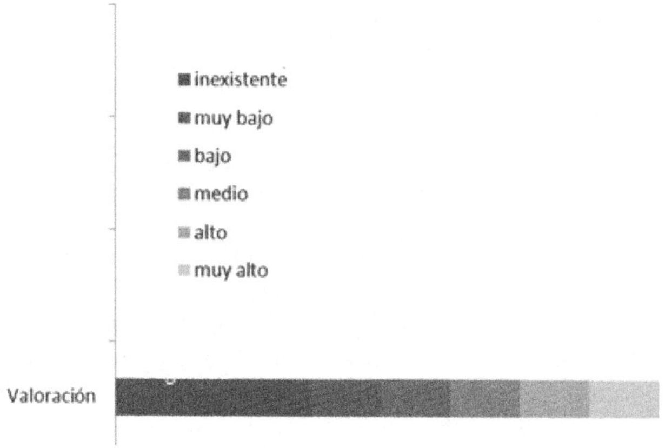

Fuente: elaboración propia.

3. LAS NOTICIAS VINCULATIVAS CON LA PROBLEMÁTICA DEL AGUA EN ROSARIO. DIARIO EL CIUDADANO Y LA GENTE

3.1. NARRATIVA EN ENERO, FEBRERO Y MARZO DE 2011 Y 2012

37)

La noticia que databa el matutino del 6 de enero de 2011 (*El Ciudadano*: 6) hacía referencia a la problemática que presentaba el populoso barrio Rucci, dónde la falta de presión de agua hace que se produzca su escasez social. En este gran complejo Fonavi, los vecinos denunciaban que el agua no llegaba al tercer piso y que en planta baja el agua que llegaba tenía color negro u obscuro y que era intomable. También manifestaban que las cloacas se rebalsaban.

Asimismo la empresa Aguas Santafesinas S.A. (ASSA) planteó que el problema era que había mucho consumo en los meses de verano. Sin embargo, los vecinos manifestaban que el problema era que el agua del Rucci era derivada a otros barrios. Así, los que viven el tercer piso no se pueden bañar, los calefones no encienden por falta de presión de agua. Este es un complejo de 2040 viviendas distribuidas en edificios de tres pisos y planta baja. ASSA, manifestaba que el ciudadano tenía que controlar su consumo, que en Rosario oscila por día y por persona entre 550 a 650 litros y el consumo promedio en el mundo es de 250 litros.

Se puede detectar la problemática de la escasez social del agua. Las personas no acceden al vital elemento por falta de presión. A su vez ASSA da como respuesta que el problema son los niveles de consumo.

Convivían discursividades paralelas. No hay puntos en común. O sea, no hay una conversación compleja acerca del problema. Por último y esencial, la nota no da cuenta que se trata de un problema ambiental, aparte del problema de salud y social. Se podría decir que la noticia era descriptiva y no interpretativa.

38)
El día 13 de enero de 2011 (*El Ciudadano*: 5), hubo un desperfecto en un acueducto de 800 milímetros, en la ciudad de Santa Fe, que dejó sin agua a dicha ciudad.

La mitad de la localidad no tuvo servicio y la otra mitad era agua en chorrito con una ínfima presión. El intendente exigió a la empresa ASSA que investigara, habida cuenta que era la segunda vez que se había producido esta falla en seis meses. La entidad prestataria contestó que el problema era la junta de hierro que unía dos caños, había fallado y que por ello se produjo el problema. Santa Fe tiene dos tomas una sobre el riacho Santa Fe y la otra sobre el río Colastiné.

39)
En un incendio en la localidad de Granadero Baigorria, próxima a Rosario, los bomberos no contaban con agua. Así se narraba una noticia del 13 de enero de 2001 (*El Ciudadano y la gente*: 6). Así los bomberos no contaban con agua suficiente. Se describía el poco equipo que contaban. Y, que estando el lugar del incendio a 100 metros de un lugar llamado "Zona Cero", que es un nuevo complejo habitacional, se suponía que contaban con agua para ayudar a paliar el fuego. Cuestión que no fue así. No había agua suficiente en dicho barrio.

Si bien ésta es una noticia tangencial y que no hace a la centralidad de la cuestión debatida en este trabajo. No deja de llamar la atención la falta de agua en una zona nueva como la "Zona Cero". Se puede connotar la naturalización de la escasez social del agua, aún en situación de catástrofe.

40)
El día 27 de enero de 2011, el diario (*El Ciudadano y la gente*: 7) que nos ocupa publicaba que ante un día torrencial, dicho sea, en pocos minutos cayeron 75 milímetros que produjeron anegamientos en la ciudad de Rosario, el intendente de su momento reclamó que la empresa ASSA realice las obras pertinentes de desagües pluviales para impedir que se formen gigantescas lagunas, que circundan como caso, la terminal de ómnibus. La prestataria estatal contestó que los trabajos estaban datados para más adelante, no obstante, ante lo sucedido lo adelantarían.

Asimismo, el intendente manifestó que la empresa está en mora con la construcción del conducto de Vera Mújica, lo que evitaría inundaciones en el radio de Oroño hasta Francia y desde Pellegrini hasta el norte. Agregando que esto es una cuestión de hace cincuenta años, que otrora había un viejo canal que fue tapado por la urbanización, generando las dificultades presentes.

Como podemos observar, no es una cuestión de escasez social del agua. Sí es de anegamiento por falta de correctos desagües pluviales. Sin embargo, la temática no es tomada como cuestión compleja, por ende, ambiental. Resulta curioso que no obstante la trama climatológica, que coadyuva a lo ambiental, la percepción ambientalista no surge de la noticia.

41)

En diario que tratamos, publicaba el 2 de febrero de 2011 (*El Ciudadano y la gente*: 8) que para las obras del Saladillo se había suspendido la adjudicación. Relataba la información que la justicia había ordenado suspender la adjudicación de las obras de estabilización de las cascadas del río Saladillo. Este es un río que desemboca en el río Paraná y presenta una cascada. Los vecinos habían presentado una acción legal contra el gobierno provincial. La suspensión la ordenó la jueza de Distrito Civil y Comercial de la doceava nominación de los tribunales ordinarios de Rosario. Se tomaría un mes para resolver.

Los vecinos sostienen que se mantenga el paisaje y la catarata natural del río Saladillo, alegan que no están en contra de que se realicen obras pero quieren mantener el paisaje, cataratas horizontales incluidas. El amparo colectivo impulsado por los ciudadanos del Saladillo sostenía, asimismo, que las obras que el gobierno provincial quería realizar no comprendía el aspecto cultural y social, ni el derecho al paisaje.

En esta noticia podemos constatar una orfandad respecto a hacer una referencia aunque sea indirecta sobre la cuestión ambiental. Río, agua y territorio en conjunción dando como resultado el paisaje. Lo altamente llamativo es la desvinculación con la cuestión ambiental.

42)

El día miércoles 2 de febrero de 2011 (*El Ciudadano y la gente*: 6) se publicaba en el diario *El Ciudadano y la gente* una noticia sobre que en el sur de Rosario, en el barrio Las Flores hacía más de dos meses los vecinos estaban viviendo en medio de un foco infeccioso producido por aguas servidas.

Generando asimismo un foco de mosquitos con todas las complicaciones que ello genera. La canaleta que viabiliza el agua servida (agua pluvial y de la cocina) inunda las calles de la zona ubicada en calle pasaje peatonal 2074.

El Estado tenía que dar respuesta a este problema. Era un foco de desarrollo de dengue.

La tendencia de consustanciar agua, desagües, contaminación e infección en forma divorcial con la cuestión ambiental es notoria. La narración se desvincula de una totalidad ambiental, para sumergirse solamente, sin dejar de ser muy importante, con la salud.

43)

Seguía el proceso de licitación, sin adjudicación de obras, para estabilizar el río Saladillo (*El Ciudadano y la gente*: 6).Los vecinos se quejaban porque no fueron consultados. Y, que el paisaje lo querían mantener, esto es la catarata del Saladillo. Cuestión, al decir de los vecinos, que no tuvieron en cuenta la opinión de ellos.

Tres cuestiones que emergen de esta noticia, es que no considera la cuestión de las cataratas del Saladillo, su impacto en la región y la participación de los vecinos como una temática íntimamente vinculada al ambiente.

44)

El 28 de febrero de 2011 (*El Ciudadano y la gente*: 5) el juzgado de Distrito Civil y Comercial N° 15 de la ciudad de Rosario ordena la suspensión provisoria del aumento que se había establecido en 2010. Este incremento abarcó a 15 localidades. El fundamento de dicha medida cautelar provisoria estaba dado en que no se había cumplido con el marco jurídico para que se diera el aumento. La demanda la había interpuesto la organización de la sociedad civil de los usuarios y consumidores. Se criticaba asimismo en dicho planteo que los aumentos que hacía el Ministerio de Aguas, Servicios Públicos y Medio Ambiente fueran hechos en base a la Ley N°11.220 y al contrato de vinculación, un marco jurídico que no condecía con la realidad legal con la que se tenía que regir.

Esta noticia refleja una tendencia que es la de desvincular la temática jurídica y económica de un aumento de la cuestión ambiental que conlleva.

45)

En esta noticia publicada el 5 de marzo de 2011 (*El Ciudadano y la gente*: 5) abría un debate de municipalizar el servicio de agua y luz. Nos vamos a centralizar en el agua. El intendente de entonces Ing. Miguel Lifschtz planteaba la municipalización del agua, ya planteada en 2005 por el especialista en servicios públicos hídricos Dr. Aníbal I. Faccendini, Director de la Cátedra del Agua de la UNR. El debate, y así fue tomado por los medios gráficos, quedó encerrado en el ámbito político. Quedó reducido a la regionalización o municipalización del recurso. Por otra parte, cobró importancia el discurso higienista.

Podemos ver que el debate que se publicaba y que levantó polvareda sobre la municipalización y/o regionalización versus la centralización que aún actualmente rige. No se lo concatenó en ningún momento a la temática ambiental. Por ejemplo, no se hizo referencia a que la descentralización favorecería a un ambiente sustentable.

46)

En la nota del diario del día 19 de enero de 2012 (*El Ciudadano y la gente*: 6) daba cuenta de la utilidad práctica de las audiencias públicas de los usuarios. Respecto a si las autoridades de ASSA y el Ministerio de Agua, Servicios Públicos y Medio Ambiente escuchan y respetan a lo manifestado por los usuarios de agua y cloacas en las audiencias.

Desde el ENRESS (Ente Regulador de Servicios Sanitarios) se criticaba el aumento planteado por la empresa y tomado por el Ministerio mencionado. También distintos organismos no gubernamentales criticaban la actitud de no respetar las audiencias ante el aumento planteado en el 2011, que era el eje del debate. Pues en las audiencias publicas, y desde el ENRESS, hubo oposición al aumento planteado así por el Estado.

Aquí una vez más en la nota no se vincula el problema del aumento tarifario del agua con un problema ambiental. Quedando reducido a una cuestión económica. Que es cierto en un aspecto, pero no es la totalidad del problema.

47)

El diario menciona la postura de un legislador nacional opositor al gobierno provincial, que criticaba la falta de inversiones para infraestructura de parte de la empresa estatal ASSA en la provincia de Santa Fe (*El Ciudadano y la gente*, 28 de enero de 2012: 9).

En tal sentido manifestaba que habían reducido en un 40% respecto al 2011, así la empresa pasaba de 166 millones previstos en el año anterior (2011) a 100 millones de pesos presupuestados para 2012. El presupuesto general se había incrementado en un 7,76%, y los gastos corrientes se elevaban en un 31,5% y los recursos para obras se reducían drásticamente. Dicho monto abarcaba dos rubros gastos de capital e inversiones.

Se demostraba así una traslación de gastos de capital (inversiones) a gastos corrientes de funcionamiento.

Se daba esta narración en un contexto donde 13 barrios de Rosario accedían con cubas al agua. La empresa, agregaba el dirigente político, dedicaba 65 por ciento de sus recursos a gastos corrientes y que en el 2012 absorbería el 80 por ciento del presupuesto.

En general en el 2011 se dedicaba el 35 por ciento para inversiones de obras y en el 2012 sólo el 20 por ciento .Una clara reducción.

Queda claro una vez más, que la narración grafica la problemática del agua se reduce a una cuestión económica en ajenidad con la cuestión ambiental.

48)

El día 16 de marzo de 2012 (*El Ciudadano y la gente*: 5) la nota refiere que un conjunto de concejales de la ciudad de Rosario presenta en Tribunales provinciales, en el juzgado de distrito Civil y Comercial de la 14 Nominación un recurso para plantear la ilegalidad del aumento de la tarifa de agua.

Se cuestionaba que la empresa y el Estado no respetaban el dictamen del ENRESS en contra del aumento, que era un exceso que en el primer tramo del 2012 oscilara entre un 30 al 70% según el rango.

Se puede observar notoriamente la constante del análisis absolutamente económico del aumento de la tarifa del agua, en ajenidad con toda conexión ambiental.

Diagrama Nº 23

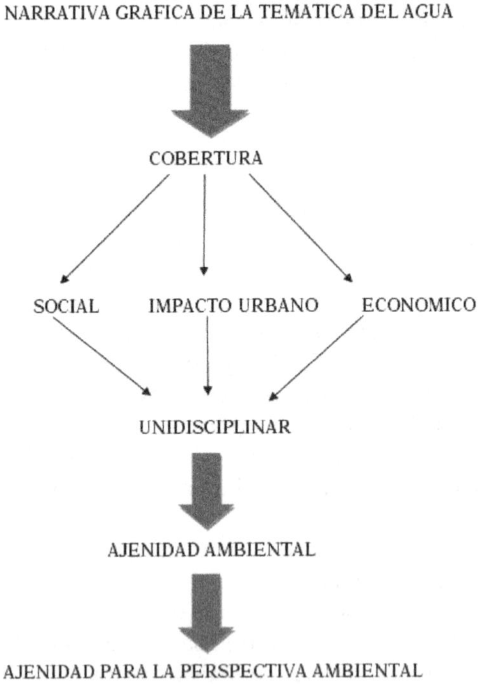

Fuente: elaboración propia.

Se podrá connotar que hay más pluridisciplinariedad en el primer medio gráfico respecto a los otros dos. Nobleza obliga, se da también que hay más notas en el primero en los mismos períodos estivales. Ello, facilita la ampliación de mayores disciplinas involucradas. Sin embargo, no es suficiente para acceder a una perspectiva ambiental in totum.

Gráfico Nº 3. Grado de percepción de ambientalidad, resultado: inexistente en el diario *El Ciudadano y la gente* en el enfoque del problema de la escasez social del agua en Rosario

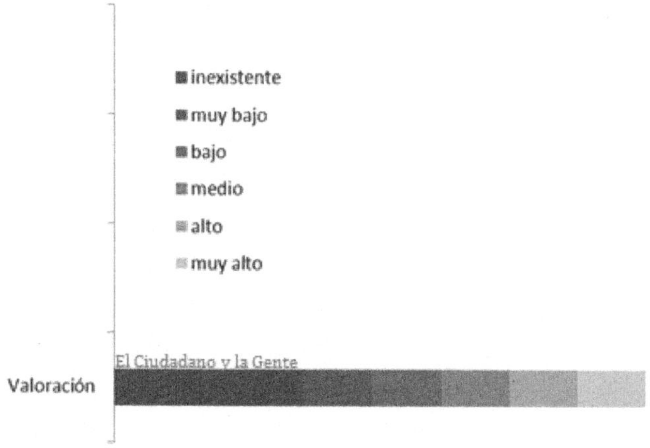

Fuente: elaboración propia.

Se puede observar que en los tres medios gráficos masivos de la ciudad de Rosario hay una percepción ambiental inexistente respecto a la escasez social del agua en dicha ciudad. Resultado seguramente de muchas causas. En tal sentido la fragmentación en la visión del fenómeno ha coadyuvado a desambientalizar la problemática. La falta de una visión total, compleja y simultánea de una situación, lleva no sólo a su fragmentación sino también a un simplismo inmediatista inconducente para resolver un problema ambiental, con la complejidad que ello conlleva. Se concatena con lo que señala Cristina T. Carballo (2014: 89) respecto a esta tensión generadora de distintas percepciones, con carencia hacia una totalidad.

Capítulo 4

LA ESCASEZ SOCIAL DEL AGUA: LA DESAMBIENTALIZACIÓN EN LOS MEDIOS O LOS MEDIOS DE LA DESAMBIENTALIZACIÓN

En este capítulo abordamos la percepción que tienen distintos periodistas y un funcionario público que gestionó los servicios de agua potable en la provincia de Santa Fe y de suyo en Rosario. Vamos a poder afirmar, probar y demostrar nuestra posición de que estos actores conectan la problemática de la escasez social del agua en Rosario con un problema económico, social, sanitario o hidráulico pero no ambiental. Estas desambientalizaciones del agua o perspectivas no ambientales resultan coherentes con la narrativa gráfica analizada en el capítulo 3. La desambientalización del agua, esto es, la separación conceptual y no vinculación entre el agua y el ambiente se debe, entre otras cuestiones complejas, a las tratadas y demostradas en los capítulos 1 y 2, y a una equívoca praxis de las empresas periodísticas que consiste en unidimensionar la perspectiva de los fenómenos que observamos. Lo distintivo en la era de la fordización del tiempo es la reducción simplista de lo que percibimos. Todo debe ser veloz para que sea importante, simplificado, y digerible, aunque después nos produzca una gran indigestión. El agua reclama para sí el derecho fundador del ambiente y, sin embargo, tiene que disputar ese derecho. Toda una paradoja.

Heber Marshall McLuhan, un clásico de la teoría de las comunicaciones, recordaba unas palabras de Sergei Einsenstein: "...Así como el cine mudo pedía a gritos el sonido, pide ahora el color el cine sonoro...” (McLuhan, 1996: 70). La escasez social del agua, en el caso que nos ocupa, pide a gritos su ambientalización a los medios de comunicación.

Evaluaremos a tal fin entrevistas realizadas a cuatro periodistas y a un funcionario público que estuvo en la dirección del Ente Regulador de Servicios Sanitarios de Santa Fe (ENRESS) en los períodos narrativos tomados.

Se contextualizará el análisis con un marco teórico que dé cuenta fundamentalmente de las concepciones subjetivas de los actores, su influencia en el mensaje que articulan y el porqué y el cómo estos discursos reproducen el mensaje de la prensa gráfica de Rosario, en los diarios *La Capital*, *Página 12/Rosario 12* y *El Ciudadano y la Gente*.

1. EL HOMBRE ES AMBIENTE: UNA RELACIÓN INTEGRAL Y DIALÉCTICA. NO HAY CONEXIÓN NI EXTENSIONES ENTRE LO QUE NOS CONSTITUYE Y LO CONSTITUIDO

El hombre no se debería vincular con el ambiente en función de extensiones ni conexiones, en variable de exterioridad. Pues el ser humano constituye y es constituido por el ambiente. McLuhan nos plantea en su obra “Comprender los medios de comunicación. Las extensiones del ser humano”, las extensiones del cuerpo humano. Es decir, cómo se amplían las facultades psicofísicas del hombre en el espacio. Para ello recurre a la evolución de estas ampliaciones desde la mecánica hasta la electrónica. Así, en la mecánica el hombre recurrió a distintos implementos como la rueda o al arado. En un caso para facilitar el desplazamiento de los cuerpos y en el otro para insumo alimentario.

En tal sentido el autor nos manifiesta:

> Tras tres mil años de explosión, mediante tecnologías mecánicas y fragmentarias, el mundo occidental ha entrado en implosión. En las edades mecánicas extendimos nuestro cuerpo en el espacio. Hoy, tras más de un siglo de tecnología eléctrica, hemos extendido nuestro sistema nervioso central hasta abarcar todo el globo, aboliendo tiempo y espacio, al menos en cuanto a este planeta se refiere. Nos estamos acercando rápidamente a la fase final de las extensiones del hombre: la simulación tecnológica de la conciencia, por la cual los procesos creativos del conocimiento se extenderán, colectiva y corporativamente, al conjunto... (McLuhan, op. cit.:30)

Está clara la posición de McLughan basada en el positivismo y en una apología en la tecnología sin límites. Todo ello breva en un atropocentrismo profundamente exacerbado. Mal pueden las empresas periodísticas, influidas con ésta posición, abordar las noticias como la escasez social del agua como un problema ambiental.

Ya hemos analizado en el Capítulo 2 que el ambientalismo integral o inclusivo requiere de un pensamiento complejo o por lo menos pluridimensional. Al tener dichas propiedades metodológicas de concepción es cuando se puede abordar al ambiente como una totalidad primando el biocentrismo y excluyendo al antropocentrismo.

2. EL MENSAJE DESAMBIENTALIZADO DE LA ESCASEZ SOCIAL DEL AGUA

McLughan planteaba que el medio es el mensaje. El medio lleva ínsito al mensaje. Nos señalaba que con la simultaneidad entre el hecho y la difusión del mismo hacía que el medio sea el contenido de otro medio.

Y, así nos lo marca al decir:

> El cubismo, al capturar la percepción instantánea y total, anunció de repente que el medio es el mensaje. ¿Acaso no es evidente que, en el momento en que la secuencia deja paso a la simultaneidad, se encuentra uno en el mundo de la estructura y de la configuración? Se han mudado segmentos especializados de atención al campo total, y ahora podemos decir con toda naturalidad: "el medio es el mensaje2. Antes de la velocidad eléctrica y del campo total, no era obvio que el medio fuera el mensaje. El mensaje, según parecía, era el "contenido", y la gente preguntaba qué trataba un cuadro. Sin embargo, nadie preguntaba nunca de qué trataba una melodía, una casa o un vestido. En estos temas, se conservaba cierto sentido de conjunto, de la forma y de la función en una única entidad. En la edad eléctrica, esta idea integral de estructura y de configuración se ha vuelto tan predominante que la pedagogía teórica ha echado mano al asunto... (McLuhan, op. cit.:34-35)

El autor claramente termina definiendo la frase que el medio es el mensaje. Expone en consecuencia que se transforma contenido (mensaje) y el medio de vehiculización de las noticias, en una unidad integral inseparable. Parecido a lo planteado por los formalistas rusos en la literatura, en cuanto a que la forma subsume al contenido.

Esta concepción de este especialista de la comunicación que revolucionó la década del sesenta y aún hoy, nos denota dos cuestiones a saber: una visión antropológica intensiva del hombre con el ambiente, cuando nos habla de la naturaleza como meras conexiones extensivas del hombre y por otra parte cuando nos resalta que el medio es el mensaje, pone al descubierto que la velocidad del mercado, exige noticias rápidas, simplistas y decididamente en unicidad contenido y medio. Con lo cual, esta visión positivista y tecnológica de McLughan ayuda y mucho a que los medios periodísticos tengan una visualización insuficiente de la escasez social del agua al no poder conectarla como un daño ambiental o por lo menos como una problemática ambiental.

Está probada la importancia de los medios en la producción y reproducción de conceptos y de percepciones, McLughan en tal sentido, nos recuerda lo que decía Napoleón respecto a que "más temibles son tres periódicos hostiles que mil bayonetas" (McLuhan, op. cit.:36-37).

Va de suyo que es tal la importancia de los medios que pueden por lo menos generar cierto consenso respecto a determinadas realidades.

Hay muchos ejemplos en la historia desde la famosa amenaza de extraterrestres en su versión radiofónica de Orson Welles (1938), donde los oyentes creyeron que se estaba produciendo de verdad una invasión alienígena.

Las empresas de periodismo gráfico, influenciados, entre otros pensamientos, por este tecnoperiodismo positivista de gran velocidad, rechazan el pensamiento complejo y plurivisional y recurren, por ende, a un periodismo simplista, fragmentado y unidimensional. Lo cual redunda en una imposibilidad de acceder a un ambientalismo inclusivo o integral.

Pues, requiere como mínimo de una visión multidimensional y de investigación.

3. LA VISIÓN DE LOS MEDIOS Y FUNCIONARIOS SOBRE LA PROBLEMÁTICA DEL AGUA EN ROSARIO

Se realizaron entrevistas a cuatro periodistas y a un funcionario del Ente Regulador de Servicios Sanitarios de la provincia de Santa Fe que ejercía en los períodos tratados.

La metodología consistió en realizarles a los distintos actores preguntas abiertas, pero circunscriptas a la temática de la escasez social del agua en general y en nuestra localidad. Como así también la visión que tienen sobre la problemática del vital elemento.

ENTREVISTA 1

30-06-2016. Rosario.

¿Cuál es tu percepción con respecto a la temática y problemática del agua?

La percepción es primero de paradoja, me parece una gran paradoja que en esta ciudad con uno de los ríos más importantes de América, a 10 minutos del centro, haya familias que no tengan agua o tengan poca presión de agua, que es lo que más abunda, al menos lo que he podido percibir por el trabajo periodístico. Ir a distintos barrios, en trabajos que yo he realizado, barrios del macro centro podríamos decir, o un poquito más, donde la presión de agua tiene mucha dificultad para la vida cotidiana. Entonces me produce una perplejidad terrible, me parece un absurdo que en esta ciudad, no toda la población pueda contar con agua, y además, la calidad del agua, porque a veces es poca el agua, y, no la que sale de la canilla, pero determinadas poblaciones, donde tienen que ir a una canilla, hay zanjas frente a su casa en mal estado. Esa agua no es el agua con la que debiera contar la población. Es muy dispar el servicio para toda la población, me parece escaso y dispar.

¿Cuáles son las causales de ese problema?
A mí se me ocurre, que acá durante muchos años hubo problemas de obras, de obras que tuvieron que ver con la hidráulica. Hubo durante muchos años una empresa que no terminó los trabajos y los servicios que tendría que haber hecho en la época de la privatización francesa, parece que quedaron muy en deuda con la población y con la gestión de gobierno de ese momento (gobierno peronista).

Me parece que se le dio una libertad en demasía a esa empresa y no cumplió con el contrato ni con los servicios que tendría que haber cumplido. Entonces durante mucho tiempo nos encontramos con familias enteras, barrios enteros que en pleno verano necesitaban camiones abastecedores de agua, las cubas de agua municipales, para poder llevar agua, esto es espantoso, del medioevo. No puede ser que teniendo el río Paraná, haya que depender de un camión de agua potable, estando en pleno verano, con 40° de calor.

¿Esta problemática, dentro del campo de la disciplina del conocimiento, es un problema económico, político, ambiental?
Me parece que es un problema económico y político primeramente, y ambiental también, por las condiciones que esto general a nivel ambiental y además un problema sanitario. Si a la familia no le llega el agua en buen estado, o le llega escasamente, trae un problema a su salud, así que es un problema de Estado primerísimo que debería ser abordado. En las obras, estamos "un poco retrasados", se empezaron a hacer después de esa gestión, y después de esa privatización, pero por lo que se lee, o por los argumentos de quienes están en la cuestión, se dice que no se llega en tiempo y forma a cubrir todas las necesidades porque la población creció, ha crecido muchísimo por migraciones internas, y no se llega con las obras. Eso sí me parece que es un problema político y económico, y después sus derivantes naturales o sanitarios.

¿El lunes 5 de agosto de 2013, salió una tapa del Diario La Capital «Cinco barrios sin agua junto a un estadio que utiliza 80.000 litros», qué nos podes decir con respecto a eso, qué viste en estos cinco barrios con respecto al agua, cuál es la clave de este problema?
Hace poco escuché por la radio a vecinos del Barrio Tango, que queda cerca del Estadio Mundialista de Hockey, a 15 minutos del centro,

diciendo que seguían teniendo problemas, donde hay una obra que es el acueducto, pero siguen teniendo problemas, no está totalmente solucionado.

No puedo asegurar actualmente que tenga que ver con el estadio porque tenía la hipótesis de que el estadio de césped sintético se regaba con miles y miles de litros de agua, porque era la forma en que se promocionaba las bondades del estadio desde el Municipio para los torneos internacionales. Hablando con los vecinos, se escuchaba un rosario de quejas, similares entre sí, acerca de que la presión era escasa, no se podía lavar la ropa, la familia no se podía bañar en el mismo horario, cosas que interrumpen la vida cotidiana y complican bastante el vivir. También fui al estadio y corroboré el riego permanente, pero con agua potable.

Ese es otro problema que tenemos en Rosario, que el agua potable se usa para regar canchas, para llenar piletas, para todo; y tengo entendido que en otros lugares esto se hace con otro tipo de agua, para reservar el agua potable para el consumo de la gente. Luego de sacar la nota se tomaron algunos recaudos, se dosificó el caudal de agua con el que se regaba en ese momento la cancha.

El problema estaba, en los barrios es un tema que está presente, puede ser que con el acueducto se dé soluciones.

¿En este caso en particular, al problema y a las causales cómo las definirías?

En este caso es netamente político, este es un estadio municipal, con todo lo que esto implica, cómo no se va a tener en cuenta la falta de agua, no se tuvo en cuenta un problema muy grave, es una decisión política a la que le tiene que encontrar la vuelta. No podes alimentar una cancha con tantos litros de agua cuando alrededor tenés un montón de gente que no tiene.

Me parece una vergüenza, una brutalidad.

ANÁLISIS

Ante la pregunta sobre la problemática de la escasez social del agua en determinados barrios, la mayoría carenciados, responde que es un problema político, económico, social, sanitario y secundariamente ambiental. Habida cuenta que relevó el 5 de agosto de 2013 (*La Capital*: 7) —si bien está afuera de la investigación, vale la pena traer a colación— lo que fue un problema de mucha resonancia en Rosario, que cinco barrios no tuvieran integralmente agua potable, mientras que el estadio de Hockey, que está en dicha zona noroeste de Rosario, sí tenía agua potable para regar el césped sintético; consideró que era un problema político.

Cuándo se le pregunta sobre las causales de la escasez del agua en Rosario, la entrevistada contesta:

> ... A mí se me ocurre, que acá durante muchos años hubo problemas de obras, de obras que tuvieron que ver con la hidráulica. Hubo durante muchos años una empresa que no terminó los trabajos y los servicios que tendría que haber hecho en la época de la privatización francesa, parece que quedaron muy en deuda con la población y con la gestión de gobierno de ese momento (gobierno peronista). Me parece que se le dio una libertad en demasía a esa empresa y no cumplió con el contrato ni con los servicios que tendría que haber cumplido. Entonces durante mucho tiempo nos encontramos con familias enteras, barrios enteros que en pleno verano necesitaban camiones abastecedores de agua, las cubas de agua municipales, para poder llevar agua, esto es espantoso, del medioevo. No puede ser que teniendo el río Paraná, haya que depender de un camión de agua potable, estando en pleno verano, con 40° de calor...

Y en otra pregunta sobre cuál es la naturaleza del problema y a qué ramas de la ciencia toca el problema contesta: "... Me parece que es un problema económico y político primeramente,...", si bien en forma lateralizada menciona al ambiente. La mayor relevancia y prioridad está en la economía y la política. Toda una definición que revela una visión desambientalizada del problema, por lo menos relativamente. La visión planteada marca una posición de fuerte antropocentrismo y de no aplicación de un pensamiento de mayor complejidad. No se puede denotar una vinculación principal y esencial con el ambientalismo. Respaldando a este análisis respecto a la entrevistada y su posición de alejar lo ambiental del problema de la escasez hídrica, podemos observar en la última pregunta que la actora vuelve a plantear que dicha escasez o no acceso al agua, es un problema fundamentalmente político refiriéndose al problema que cinco barrios no tienen acceso al agua y la cancha de hockey tiene garantizada ochenta mil litros de agua asegurada para el césped sintético. Todo un despropósito.

ENTREVISTA 2
06-07-2016. Rosario.

¿Has trabajado en algún tema específico, en cuanto a temas ambientales?
Respecto al agua, no. En general, los temas que más intento trabajar son todos los relativos al humedal, al manejo de islas, al manejo de la pesca en el río Paraná, al tema de la fauna, al desmanejo en realidad de las cuestiones ambientales que yo percibo que hay en general en la provincia y en Rosario, que me parece que es una ciudad que todavía no termina de entender que no es solamente una ciudad, sino que está

en un ecosistema mucho más amplio. También me interesan mucho las implicancias de todo el modelo agropecuario de nuestra vida, me parece que ahí sí hay una relación con respecto al manejo del agua. Este año hubo inundaciones muy grandes en muchas partes de la provincia y ahí se vio claramente y hay estudios científicos demostrando, por ejemplo del INTA, que hablan del desmanejo del suelo, del desmanejo territorial. El desmanejo que se ha hecho del territorio no es el causal primero de las inundaciones, son las lluvias, pero sí ayuda a entender por qué hay anegamientos y zonas inundadas donde antes no se producían.

¿Percepción sobre la temática del agua dulce en general, y del agua potable en particular?
Bueno, yo retomo un poco lo que venía diciendo. Me parece que en general no se le presta la atención que debería al tema, me remito a Rosario, que es la zona que conozco, y me parece además, que es una isla en el resto de la provincia. Acá tenemos agua potable de buena calidad, o de muy buena calidad, desde hace muchos años, la mayoría de la ciudad o casi toda la ciudad tiene el servicio de agua potable, lo cual no es el caso en las otras poblaciones de la provincia. Lo tenemos como un derecho adquirido que en realidad, seguramente costó conseguirlo, y que no se tiene demasiada conciencia de su valor y de su cuidado. Esto respecto al agua potable.

Más en general, retomando lo de antes, respecto al río, que es de donde sacamos el agua que tomamos, hay un desconocimiento enorme de temas relacionados al manejo del río o no se hacen o no se conocen o no se da debida importancia a la calidad del agua del río; muchas veces en verano, no es para nada raro ver, manchas de aceite, uno piensa, me imagino yo, que debe ser de los puertos, o de los barcos, por la cantidad de barcos que cursan las aguas del río.

En los medios el agua es un servicio, un servicio público claramente, que aparece cuando hay un problema de tarifas fundamentalmente, y se lo suele abordar desde los medios sobre todos en lo tarifario porque es lo que aparece como la primer preocupación del ciudadano, si sube el agua, si baja el agua, y ahora subió. Creo que la agenda mediática en el tema del agua es esa, principalmente el tema de tarifas y de provisión, que no es fundamentalmente un tema que preocupe a Rosario, por ahí este verano ha habido algunos problemas con el tema del acueducto, en Baigorria, días que había cortes, pero me parece que tiene menos visibilidad que la electricidad o el gas, que son problemas con mucha más visibilidad en los medios.

La escasez social que es cuando el agua dulce existe pero no hay inversiones por parte del Estado, y la gente no accede al agua potable, y por el otro lado, la escasez física del agua, que por una cuestión climatológica. A partir de dicha distinción, ¿cuáles son las causales de la escasez social del agua en general y en Rosario en particular?
Creo, sin ser especialista, que la problemática social de acceso al agua potable es muy diferente en Rosario, o en las grandes ciudades santafesinas, o en el sur de la provincia más exactamente, donde desde lo natural tenemos muchas veces abundancia, exceso, porque estamos en una zona, influida por el humedal, lo que no es el caso de otras regiones de la provincia. Respecto al rol del Estado, me parece que en general es deficitario, en cuanto a lo que respecta a todos los servicios públicos, falta de planificación, muchas veces, falta de inversiones, y la aparición del Estado como una cuestión reactiva, cuando hay un problema, entonces el Estado parece aparecer. Me parece que en Rosario no hay demasiada conciencia de la posibilidad que tenemos, de tener acceso a agua potable, lo que no es el caso en otras poblaciones; falta conciencia acerca de que tenemos el recurso y falta que el Estado desarrolle capacidades que permitan llevar ese recurso de manera equitativa a todas las poblaciones de la provincia, una provincia que tiene ríos, y que debería tener capacidad de fomentar eso.

Vos comentabas que los medios visibilizan el problema del agua cuando hay un problema tarifario y de inversiones. ¿Vos cómo lo percibís?
Me parece que es claro que hay un eje de servicio público del agua, porque la mayoría es agua es un servicio, el agua sale de la canilla, y están acostumbrados a eso, y saben que como tal, debe ser atendido por parte del Estado. Después, en cuanto al acceso físico al agua, no hay demasiada conciencia, no hay demasiado cuidado. Hay una cantidad enorme de fábricas, con denuncias hechas por contaminación, no solo en el Paraná, sino en el Carcarañá, el Saladillo, el Ludueña, y otros arroyos o ríos. Y respecto como el resto del abanico de todos los temas ambientales, incluido el agua, no hay conciencia respecto a eso. Hace poco le hice una entrevista a Antonio Brailovsky, respecto a eso, y él hablaba del fenómeno del niño, y decía que el sistema científico hacía dos años que alertaba, y que el problema en Argentina es que el sistema político no registra lo que emite, lo que elabora el sistema científico, no es malo el sistema científico, sino que ahí hay una grieta entre lo que se elabora, lo que se produce en los sistemas científicos, universitarios, académicos, y su correlato en la acción política, ahí me parece que hay una escisión total. Y los temas del agua los incluyo en esto mismo, una escisión entre el conocimiento científico tecnológico y las decisiones políticas.

¿El problema de la escasez social del agua, es un problema de qué carácter, dentro de las disciplinas científicas: social, económico, político, de infraestructura, de ingeniería o ambiental?
Es un problema sociológico en un montón de dimensiones, social, porque tener acceso al agua es un derecho, que en todo caso no se cumple en un montón de localidades y situaciones, y eso después adquiere otras dimensiones, desde luego sanitario, se vuelve un problema político, en el sentido que la política no es capaz de resolver el problema, se vuelve un problema cultural, porque no tener acceso al agua genera un montón de problemas ambientales, y en la vida cotidiana que pueden repercutir en lo cultural, de infraestructura también. Es multidisciplinar, no es una sola disciplina que lo debería abordar.

¿Hay alguna disciplina que pueda totalizar toda la problemática?
La verdad que no lo sé, hoy es abordado desde una forma multidisciplinar, no creo que haya una disciplina que sea capaz de abordar el problema en todas esas dimensiones. No hay demasiadas campañas, desde ningún enfoque, en cuanto al manejo del agua; lamentablemente, cuando debería haberla. En general, el ciudadano promedio tiende a prestarle atención a un tema cuando le cuesta, en lo económico. Igualmente, ahora subió bastante, pero en relación a los otros aumentos de impuestos y servicios, la gente no toma conciencia de la problemática, no son las mismas conductas de cuidado que se tiene respecto de la electricidad y del gas, ahora porque aumentaron, el agua como es un recurso que se lo ve ilimitado, no se cuida."

ANÁLISIS
Podemos ponderar en sus respuestas que ante la temática del agua y de la escasez social en particular, lo plantea en una instancia como una cuestión sanitaria donde Rosario, sería una de las ciudades con mejor calidad de agua. También agrega que el problema es de índole sociológico. Si bien plantea que el abordaje debería ser multidisciplinario, en ningún momento puede visualizarlo como un problema ambiental totalizante y que en su seno abarca las otras disciplinas que la podrían enfocar.

Aquí se reitera la insuficiencia de una apertura conceptual ambiental abarcativa de la temática.

Concatenando los capítulos 1, 2, 3 y parte del 4 la mirada sesgada deposita su visión en abordajes unidisciplinares sanitarios, económicos o sociológicos. Donde lo que prevalece es una mirada antropocéntrica y desambientalizada respecto a la temática tratada. Similar a la anterior entrevistada.

En ambos casos se puede connotar claramente, la influencia del antropocentrismo y su negación a un ambientalismo integral o inclusivo.

No podemos dejar de señalar lo curioso de la entrevistada, que siendo su especialidad o dedicación los problemas ambientales no puede asociar el problema del agua en la urbanidad como ambiental. O, por lo menos no es clara, explícita y contundente. En todo caso como mínimo es confuso su planteo respecto a un ambientalismo inclusivo donde la problemática del bien hídrico urbano se debería encontrar absolutamente ambientalizado. Reproducimos su contestación a la primera pregunta de la entrevista respecto a si había trabajado temas del agua. Hacemos esta pregunta habida cuenta que la entrevistada se dedica a temas ambientales, pero no logra ver lo ambiental como una totalidad totalizante con sus especificidades en su interior.

> Respecto al agua no. En general, los temas que más intento trabajar son todos los relativos al humedal, al manejo de islas, al manejo de la pesca en el río Paraná, al tema de la fauna, al desmanejo en realidad de las cuestiones ambientales que yo percibo que hay en general en la provincia y en Rosario, que me parece que es una ciudad que todavía no termina de entender que no es solamente una ciudad, sino que está en un ecosistema mucho más amplio. También me interesan mucho las implicancias de todo el modelo agropecuario de nuestra vida, me parece que ahí sí hay una relación con respecto al manejo del agua. Este año hubo inundaciones muy grandes en muchas partes de la provincia y ahí se vio claramente y hay estudios científicos demostrando, por ejemplo del INTA, que hablan del desmanejo del suelo, del desmanejo territorial. El desmanejo que se ha hecho del territorio no es el causal primero de las inundaciones, son las lluvias, pero sí ayuda a entender por qué hay anegamientos y zonas inundadas donde antes no se producían.

ENTREVISTA 3
26 -07-2016. Rosario.

¿Cuál es su percepción respecto a la temática del agua en Rosario?
La primera cuestión que observo sobre el agua en nuestra ciudad, es que a la misma no se la cuida. Se la derrocha. No se tiene una cultura del cuidado. Será que nací en una localidad del norte de Santa Fe, donde era escasa el agua y se la cuidaba mucho. Veo que aquí no. Será porque visualmente estamos en las orillas de uno de los ríos más importantes del mundo. Y, que esa visualización nos da la sensación de que es abundante e ilimitada el agua. Por otro lado hay cerca del 20% de la población de Rosario en situación de marginalidad, motivo por el cual el acceso al agua es muy difícil. A ello se le suma y por

consecuencia, extensión de redes en algunos casos precarias, por ser irregulares y por el otro extensiones que son obsoletas, agudizan más el problema del acceso en alguno casos por falta de presión.

¿A lo descripto anteriormente por usted, lo visualiza como una problemática política, social, económica, sanitaria, ambiental, urbanística, etcétera?
La vinculo a una cuestión fundamentalmente política. Es decir a la voluntad política, que tenga el dirigente de turno, respecto a la problemática del agua. Así dependerá la visión de la temática. Muchas veces no se toma conciencia de lo importante, costoso y difícil que es tener agua potable. A partir de allí se derivan las otras implicancias generadoras y de consecuencias del no acceso al agua como ser económicas, social, sanitaria etc.

Fue por voluntad política que se construyó el Acueducto Gran Rosario, que permite el acceso al agua sana de muchas personas del norte, oeste y sur de Rosario como así también de Villa Gobernador Galvez. Por ejemplo en ésta última ciudad todavía la cobertura del agua y de las cloacas sigue siendo baja.

¿Quiere agregar algo más?
No. Reiterar lo importante que es valorar el agua y cuidarla.

ANÁLISIS
El entrevistado nos comentaba que su percepción del agua en Rosario, es que no se la cuidaba y se la derrochaba. Que no hay una cultura del cuidado. Sin embargo, señalaba que hay cerca de un 20 por ciento de ciudadanos marginados en Rosario, que les resulta muy difícil acceder a agua potable.

Agregaba que la falta de cuidado se debe quizás a la paradoja de existir un río inmenso como el Paraná y que su proximidad daba la sensación que el agua es infinita. Ello llevaba a una concepción de supuesta abundancia y luego por ende se la derrochaba.

Su visión de la problemática de la escasez social del agua era de índole política. Indicaba que faltaba mucha voluntad política para solucionar el problema.

Se repite la constante, donde la visión del problema se circunscribe, en el caso, a un problema político. Veamos que dice al respecto el entrevistado:

> La vinculo a una cuestión fundamentalmente política. Es decir a la voluntad política, que tenga el dirigente de turno, respecto a la problemática del agua. Así dependerá la visión de la temática. Muchas veces no se toma conciencia de lo importante, costoso y difícil que es tener agua potable....

Lejos está, como los entrevistados anteriores, de que puedan incluirlo como problema esencialmente ambiental abarcativo de las otras cuestiones. Es decir, el ambientalismo inclusivo nos señala que la escasez social del agua es un problema ambiental y dentro de ello, puede ser un problema político, económico, social, sanitario, etcétera.

ENTREVISTA 4
28-07-2016. Rosario.

¿Cuál es tu percepción como periodista respecto de la problemática del agua?
Rosario por lo que conozco es una ciudad con bastante problemas en el acceso al agua, sobre todo en las zonas más periféricas; siempre se hace hincapié en la responsabilidad de la empresa prestadora que ahora es pública, que antes era privada, y cuando estaba privatizada, desde la empresa declinaba las culpas hacia el uso excesivo del agua, por ejemplo que se "gastaban" 500 litros/persona/día. Pero esto también habla de la desigualdad, porque hay muchos barrios donde la mayor parte del día tienen "un hilito de agua", en zonas periféricas y no tan periféricas, cosa que no debería ocurrir en ningún lado. Y teóricamente se están haciendo algunas obras, creo que en zona oeste, que es en el esquema, la primer zona que va a recuperar la presión de agua. Lo que veo es que el acceso al agua está marcado por la misma desigualdad con la que está marcado el acceso a todos los bienes. No solo el centro, sino también hay zonas como Alberdi y Fisherton que tienen altos niveles de vida, entonces tienen un acceso al agua diferencial y como se paga además la boleta por metro cuadrado no está tan justa la forma de pagar el servicio. Particularmente creo que es un derecho humano y que quien no lo puede pagar, debe tener acceso igual al agua; y quien lo puede pagar, si tiene una pileta de natación, debería pagar más. Son todas ideas.

De acuerdo a lo que contestaste, según tu percepción, es una problemática ¿económica, social, de salud, ambiental?
Para mí, es un poco de todo. Pero si tengo que elegir donde enfoco más, es en la salud pública, lo veo así al pensar los niños y niñas que en los sectores periféricos, en las villas miserias, con el agua está muy contaminada, y el acceso que tienen al agua es muy restringido y también porque donde no pueden contar con lo mínimo, ni para consumir el agua diaria y de buena calidad. Obviamente lo económico siempre está, pero lo económico para mí, depende de decisiones políticas, y por ende sería un tema político también, de políticas públicas. Lo que más me preocupa es que es un tema de salud pública, pero después, pienso que es social que es económico, que es político, también ambiental. Pero desde lo ambiental y en lo general, también está la necesidad de cuidar el agua como recurso,

pero en esa necesidad, se ve la necesidad fundante de este sistema que es que quienes la malgastan, por ejemplo industrias, y el resto no tienen para tomarla todos los días en buenas condiciones. Sí creo que es un tema que cruza transversalmente a lo social, como a otros. Pero en la cuestión del agua no se puede catalogar ni como social, ni como ambiental. Sí me parece que ahí, las políticas públicas deberían hacerse fuertes y estoy segura de que es una prioridad de la política pública. No es algo sobre lo que pienso mucho, hay otros temas en lo que estoy más atenta e interesada. Sí me parece bastante grave la cuestión de la falta de acceso al agua en muchos sectores, porque hace un par de años se inauguró una obra importante en Granadero Baigorria, el Acueducto Gran Rosario, y no se ve si eso realmente redundó en un mejor acceso al agua. Conozco gente que no vive en barrios tan periféricos y que tiene agua dos horas al día, y junta el agua en la madrugada, y eso es inaceptable sobre todo en una ciudad que tiene temperaturas tan extremas en verano.

¿Algo que desees agregar a lo dicho?
Creo que se debe ser un tema prioritario de las políticas públicas, lo mismo que las cloacas, son temas que ya no deberíamos tener que discutir, pero es lo digo como una simple ciudadana."

ANÁLISIS
La entrevista nos da como resultado que ante la problemática del agua en Rosario, nos comenta que es una cuestión de injusticia social, pues se garantiza agua en el centro y no llega el agua en la periferia que son los barrios carenciados. También que no se cuida el consumo de agua en la ciudad que llega a quinientos litros por día por persona. Connotando la injusticia social antes señalada. Hace hincapié también que es un problema de políticas públicas y luego muy tangencialmente un problema ambiental. Transcribimos parte de la respuesta 2 que da cuenta de lo dicho anteriormente:

> Para mí, es un poco de todo. Pero si tengo que elegir donde enfoco más, es en la salud pública, lo veo así al pensar los niños y niñas que en los sectores periféricos, en las villas miserias, con el agua está muy contaminada, y el acceso que tienen al agua es muy restringido y también porque donde no pueden contar con lo mínimo, ni para consumir el agua diaria y de buena calidad...

ENTREVISTA 5
20-07-2016. Rosario.

¿Cuál es su percepción de la temática y la problemática de la escasez social del agua en la ciudad de Rosario?

El ENRESS es el Ente Regulador de Servicios Sanitarios y abarca ASSA (empresa estatal de la provincia de Santa Fe y todas las cooperativas de agua y saneamiento de la provincia de Santa Fe).

En la ciudad de Rosario el problema del agua es algo que lleva muchos años, que se ha ido agravando con el tiempo.

La primera es que tenemos un problema estructural, hay un montón de barrios que teóricamente tienen red de agua pero que el agua no llega, y no llega por un combo de motivos, el principal es que la planta potabilizadora fue hecha para una ciudad de 650 mil habitantes, su última remodelación en el 1965, durante el gobierno de Illia fue hecha para esa ciudad. Hoy en día Rosario con más de un millón de habitantes, indudablemente, esa estructura no da más. El segundo motivo del problema es la extensión de las redes sin planificación es decir, a medida que Rosario iba creciendo, se iba edificando, se iba construyendo cada vez más lejos del centro, las redes se fueron extendiendo sin una planificación y esta falta de planificación hace que hoy en día muchas zonas de la ciudad de Rosario tengan problemas de falta de presión de agua. La solución de esto es la planta de Granadero Baigorria que se ha empezado, pero que todavía falta mucho por terminarse, recién estamos en la primera etapa de cuatro, y además, esa planta no va a tener efectiva incidencia en la presión de agua de los barrios de Rosario hasta que no se haga el acueducto por Circunvalación rodeando la ciudad. Lo clave de la situación es que el agua no vaya del centro a los barrios, sino que vaya de los barrios al centro y esto sería la función que cumpliría el acueducto por circunvalación. Sumado a esto hay otros problemas como la terminación de las obras de cloacas que en Rosario ha estado con una cierta demora en el desarrollo de las redes de cloacas, consideremos que Rafaela tiene un porcentaje mayor de desarrollo de cloacas que el que tiene Rosario, siendo una ciudad mucho menor. Hay una decisión hoy en día en este sentido, que me parece fundamental, pero creo que ambas cosas tienen que ir de la mano, las redes de agua y las redes de cloaca que saquen los excrementos. Rosario es una ciudad que está teniendo otro problema adicional que es que empezó a tener obras de saneamiento y de agua con mucha antelación al resto de las ciudades de la Argentina. Recordemos que las obras de Rosario son de 1887, si no me equivoco, la primera planta, lo que fue muy prematuro, casi algunos años apenas, después de la planta de Recoleta de Buenos Aires. ¿Qué hace esto? Que esas redes que se construyeron muy bien estén empezando a quedar obsoletas. Y entonces los troncales que llevan los pluviocloacales hacia el río por calle Mendoza, por calle Ovidio Lagos, por calle Córdoba, Montevideo, están quedando absolutamente obsoletas. Ya en su momento la empresa francesa, tenía que hacer un estudio sobre los troncales, se contrató una empresa, esta empresa lo analizó, y determinó que no se podía trabajar sobre lo mismo, que hacía falta hacer otro conducto al lado o remodelarlo absolutamente porque están colapsados. Es un tema que tenemos en nuestra ciudad, es muy importante, y lo más paradójico es que estamos a la vera del río Paraná, y no pareciera razonable que teniendo un río con el caudal del río Paraná, Rosario no tenga agua, y aunque parezca mentira, no hay que ir a África, hay que ir solamente a alguno de los barrios, por ejemplo, el Barrio Domingo Matheu, que no está siquiera pasando Circunvalación, estamos hablando de Moreno al 4000, enfrente a la Fábrica de Armas, no tiene presión de agua, y es una situación estructural, que es importantísimo poner entre las prioridades. Yo soy de lo que cree que el agua es un derecho humano por lo tanto defiendo el concepto de que el Estado invierta en agua, en salud, así como en educación porque la salud, la educación, la seguridad, son derechos de los ciudadanos y también hay que invertir en agua para que todos los rosarinos tengan agua y tengan cloaca. No nos parece demasiado derecho que un Estado le asegure a su población tener estos elementos vitales. Nos parece que ese es el camino, creemos también que es muy importante integrar los servicios, nosotros tenemos también un problema en cuanto al tratamiento de los efluentes; estamos arrojando los efluentes al río, sin ningún tratamiento previo, esto es un tema que en algún momento habrá que revertir, y eso implica una solución mancomunada entre Rosario, Villa Gobernador Gálvez, Granadero Baigorria, Pérez, es decir, todo lo que es el conurbano de la ciudad de Rosario. Es decir, tenemos que comprender que Rosario dejó de ser una ciudad para convertirse en algo más que una ciudad, es una ciudad con un número importante de ciudades satélites alrededor entre las cuales ya no hay más diferencia, antes había algunas cuadras de baldíos, ahora ya no hay más, donde termina Rosario y empieza la ciudad que está al lado. Más allá de eso, Rosario ha tenido una historia de luchas en cuanto a lo que es el agua, de mucho tiempo, que la ubican como precursora en este sentido en Argentina. Parece muy importante que este tema se vuelva a poner sobre la mesa, que el Estado invierta y permita que se avance en la terminación de los que es el acueducto de Circunvalación y la planta potabilizadora de Granadero Baigorria, que repito, no estamos en la etapa inicial de 6 mil 500 metros cúbicos, cuando en realidad tenemos necesidades cuatro veces mayor.

¿Si tuviera que reflejarlo en algunas de las disciplinas de la ciencia, es un problema político, sanitario, económico, social, ambiental, infraestructural?

Creo que en todos hay un común denominador, hay una falta de respeto de lo que significa el agua para la vida de la población. Esa falta de respeto se muestra en el hecho de que no hay la suficiente inversión a nivel provincial para que se desarrollen las obras; se muestra en que el ciudadano común no tiene una cultura de aprecio hacia el agua, para su cuidado, para su conservación; se muestra en que la empresa no repara las fugas, las fugas están permanentemente supurando a lo largo y a lo ancho de la ciudad sin ninguna contención. Me ha pasado que pido que vayan a reparar un caño en una esquina en zona oeste, lo van a reparar una vez, a los dos días volvió a perder, volví a llamar, lo van a reparar una segunda vez, vuelve a perder, y cuando llamo nuevamente me informan que van a mandar alguien de la empresa, porque la subcontratista factura por cada reclamo respondido, entonces a veces dejaban mal reparadas las cosas para volver ¿Cómo hacer para revertir estas cosas? Es muy difícil pedirle al ciudadano que tenga una cultura del agua, si la empresa no la tiene, el vecino sale a la puerta de su casa y tiene una caño perdiendo agua un mes, un año. Entonces, es un problema político, fijémonos cuáles son las zonas en las que no hay presión de agua, en las zonas más humildes, pobreza y falta de agua es algo que está muy ligado, como la falta de cloacas, por qué casualmente el Estado es tan reacio a hacer obras de cloacas en los barrios donde sabe que va a haber una gran morosidad, entonces ese barrio queda para lo último, es quizás el barrio que más necesita la obra de cloacas, donde más está supurando la zanja, por ejemplo en Av. Perón y la vía, donde están los distritos y se ven los caños de agua pasando por la zanja y a veces perdiendo, con algún grado de contaminación. Que es lo que termina pasando, al no haber suficiente presión de agua, el caño negro común que está en los sectores llamados villa, permite que se filtre el agua de la zanja, y aparecen los problemas en esos barrios, que tienen que ver con esta situación de contaminación. Creo que hay una cuestión que hay que poner sobre la mesa, el agua es un derecho humano, y como es un derecho, el Estado tiene compromiso sobre eso, no puede estar sobre la base del aporte o del pago de la tarifa, debe asumir su compromiso de invertir en esto, y en todo caso desde lo privado tienen que tener también un criterio de justicia, de cobrarle a aquellos que pueden ayudar a que tenga agua, por ejemplo en Rosario, las Torres Dolfinas, hay departamentos que salen fortunas, es razonable que aquellas personas que viven en un barrio privado, que viven en un country, hagan un aporte mayor que las familias carenciadas. Hasta hace poco tiempo pasaba exactamente al revés, por ejemplo Kentucky, la empresa le vende el agua en bloque, entonces a Kentucky, a familias de gran poder adquisitivo, el agua para uso cotidiano pero para lavar autos, llenar piscinas, regar jardines, le salía más barato que a cualquier FONAVI, es algo que no tiene sentido. Ahora se ha equilibrado un poco a través del escalonamiento.

Pero más allá de esta situación, el hecho fundamental es que este tema es altamente político, todavía tenemos vigente la ley de la privatización, hay pasado los gobiernos, y la ley de la privatización sigue estando vigente; esa ley dice que si usted consume mucha agua, el precio es menor, por qué, porque considera al agua una mercancía, y el juego del mercado es que si Ud. compra una gran cantidad se abarata el precio, es una visión comercial, si compra agua en bloque, se la vende más barata. Ese criterio era el de la privatización. Hay que discutir en Diputados una nueva ley de aguas, una nueva ley de servicios sanitarios porque es fundamental para a partir de ahí, enhebrar todas las demás cuestiones. Es un problema que tiene que estar en el primer lugar, qué otro derecho tiene una familia, si mínimamente no le aseguramos el agua y el saneamiento, quiere decir, tener derecho a higienizarse, a cocinar, a lavar, a regar; entonces, si una familia no tiene derecho a esto, cómo se puede esperar que vaya a tener otros derechos. Creo que a medida que han pasado los años, se ha ido concientizando, se habla en las escuelas, pero hay que llevarlo a la práctica, y la práctica profunda, implica el compromiso del Estado, como se paga la salud, el derecho a la salud, por ejemplo en nuestra ciudad, tenemos hospitales públicos, muy buenos, que son mantenidos con lo que se recauda y después se vierte en salud; la misma metodología para la escuela primaria el derecho a la educación. Esto es, que ninguna familia debe ver resentido su acceso al agua. Históricamente el agua era una factura "chiquita", pero en los últimos años, con los aumentos sucesivos, se hace muy pesada. Tiene que formar parte de un "combo básico" que abarque gas, electricidad, agua, saneamiento y telefonía fija, y que implique un compromiso del Estado, que le asegure un piso en cada uno. No hay un político que pueda justificar que una familia, por no tener dinero, no deba tener los servicios.

¿Respecto a la escasez social del agua, es un problema exclusivamente político?

Fundamentalmente político, y a partir de ahí, se extienden otros. Si no se le da la importancia política que tiene, la sociedad tampoco le va a dar importancia y se transforma en un problema social, porque la empresa no se preocupa por el caño que pierde agua en la calle, y el ciudadano deja abierta la canilla, el tanque perdiendo, y si el gasto de agua se transfiere a los costos, entonces, los costos aumentan, el usuario no puede pagarlo.

ANÁLISIS

El entrevistado ponía de manifiesto que la escasez de agua en Rosario se debe a problemas de inversión económica, planificación y falta de voluntad política para resolver los problemas de la escasez social.

Manifestaba la necesidad de realizar inversiones en la planta histórica que era para proveer a seiscientos cincuenta mil ciudadanos y que fue refaccionada en el año 1965 bajo el gobierno de Illia. Agregaba que los problemas de presión se daban también porque los caños troncales estaban obsoletos.

La centralidad de su planteo son las faltas de inversiones económicas.

Podemos observar que en ningún momento hace alusión a que sea un problema ambiental.

El funcionario con mandato cumplido no logra ver que la escasez social del agua es un problema fundamentalmente ambiental en Rosario y en general, así lo connota con sus manifestaciones a la pregunta sobre la percepción de las problemáticas de la escasez social del agua en Rosario:

> La primera es que tenemos un problema estructural, hay un montón de barrios que teóricamente tienen red de agua pero que el agua no llega, y no llega por un combo de motivos, el principal es que la planta potabilizadora fue hecha para una ciudad de 650 mil habitantes, su última remodelación en el año 1965, durante el gobierno de Illia fue hecha para esa ciudad. Hoy en día Rosario con más de un millón de habitantes, indudablemente, esa estructura no da más. El segundo motivo del problema es la extensión de las redes sin planificación es decir, a medida que Rosario iba creciendo, se iba edificando, se iba construyendo cada vez más lejos del centro, las redes se fueron extendiendo sin una planificación y esta falta de planificación hace que hoy en día muchas zonas de la ciudad de Rosario tengan problemas de falta de presión de agua. La solución de esto es la planta de Granadero Baigorria que se ha empezado, pero que todavía falta mucho por terminarse, recién estamos en la primera etapa de cuatro, y además, esa planta no va a tener efectiva incidencia en la presión de agua de los barrios de Rosario hasta que no se haga el acueducto por Circunvalación rodeando la ciudad. Lo clave de la situación es que el agua no vaya del centro a los barrios, sino que vaya de los barrios al centro y esto sería la función que cumpliría el acueducto por Circunvalación...

Resulta curioso y llamativo que la visión que tiene de la problemática lo vincula totalmente a un problema de infraestructura y de falta de inversiones. No lo puede vincular ni directa ni indirectamente a una cuestión ambiental.

En la última respuesta agrega que la escasez social del agua es un problema político con sus derivaciones sociales. Insistimos pero no lo vincula con lo ambiental.

4. ANÁLISIS DE TODAS LAS ENTREVISTAS

Las cuatro entrevistas de los diarios exhiben que las configuraciones que tienen de la problemática de la escasez social del agua son alejadas y divorciales de todo ambientalismo. Las empresas periodísticas imponen a sus periodistas, como en el caso que nos ocupa, una visión simplista, univisional y de desambientalización de la problemática hídrica.

En el planteo del Ente Regulador de Servicios Sanitarios de la provincia de Santa Fe (órgano competente en materia de regulación de agua potable y del servicio pluviocloacal) resulta connotable que tampoco se vincula la problemática del agua como problema ambiental.

Tener una carencia visional compleja, integral y abarcativa, reduciéndose por ende, a un abordaje simplista y fragmentado, es revelador de la reproducción conceptual que realizan las empresas de los medios de comunicación y de las instituciones como el ENRESS.

Resulta pertinente recordar, respecto a la visión ambientalizada que se debe tener en los distintos fenómenos que se producen en el seno de la sociedad, lo siguiente:

> Sobre las implicancias ambientales y el deterioro de nuestras ciudades se abordan a diario explicaciones simplistas o reduccionistas y de allí que las decisiones públicas o privadas sean parciales, socialmente asimétricas, escasas o nulas Castells (1999), al respecto nos aporta: El aspecto más sobresaliente de la ideología del medio ambiente es esta naturalización de las contradicciones sociales, esta reducción de la historia humana a una relación directa entre el hombre, en tanto que realidad eterna e indiferenciada, y la naturaleza, en tanto que conjunto de recursos preexistentes a él [...] El mecanismo ideológico consiste manifiestamente en la referencia a fenómenos reales, vividos como problemáticos por los sujetos, pero que no son explicativos mediante una relación directa entre entidades ideales fuera de toda producción social y, en particular, de toda contracción. (Catells, 1999, extraído de Carballo 2004: 8)

> Generalmente, la temática ambiental urbana es tratada de forma aislada; el análisis se centra en algunos factores, sin un esquema de interpretación adecuado a la problemática urbana regional, sin tener una imagen dinámica de la realidad social y, a la vez, sintética. No obstante, la reciente historia de las ciudades latinoamericanas, estudiadas desde la década de los setenta, ha mostrado cómo la exclusión social tiene su expresión más concreta en la segregación espacial o ambiental. La exclusión social comprende un universo en el que la segregación ambiental es apenas una de sus expresiones [...] La segregación social y ambiental se agravó en nuestras ciudades debido a la aplicación de ambiguos marcos legales y a la práctica social de políticas públicas cortoplacistas sobre la propiedad de la tierra, que se establecieron o modificaron según la conveniencia de una sociedad clientelista o según los intereses del mercado inmobiliario formal... (Carballo, 2004: 8-9)

Carballo nos señala, acertadamente, cómo los abordajes simplistas y reduccionistas sobre situaciones urbanas, no sólo son incompletos, sino que también generan diagnósticos insuficientes y por consecuencia configuran desarrollos no sustentables. O sea, perjudican no sólo el presente sino también el futuro del ambiente.

Capítulo 5

CONCLUSIONES SOBRE LA VISIÓN DESAMBIENTALIZADA DEL AMBIENTE Y LA LESA AMBIENTALIDAD

Este trabajo hipotetiza, sostiene y demuestra acabadamente que la problemática del agua y de la escasez social del agua en Rosario, es registrada en las narraciones gráficas de Rosario como un fenómeno no vinculado con lo ambiental. Es decir, se encuentra desambientalizada la problemática. Demostrando también, así, la insuficiencia de los medios, que le impide acceder a un abordaje ambiental integral ante el vital elemento y reducir la temática a una cuestión unidisciplinar es decir, consistente con esta visión, se trataría de un problema económico, social, político, sanitarista o de infraestructura, mas no ambiental. Que por ende entonces, dicha escasez social no es de lesa ambientalidad (daño ambiental) y no viola el derecho humano al agua. Demostramos en esta tesis, estas construcciones conceptuales que al decir de Kant (2016), parafraseándolo no linealmente, vemos lo que somos. Nuestra conceptualdiad es la que nos permite ver de acuerdo a nuestra subjetividad a priori.

A lo largo de este trabajo, en el capítulo 1, se puede recorrer y reconocer la evolución de la conceptualización de ambiente. Llegando como final procesual al ambientalismo inclusivo. Es decir el ambiente que abarca todo. Y, dentro de ese todo en su seno están las distintas disciplinas abarcativas de la problemática. En forma conjunta y simultánea.

A principios del siglo XX desde la óptica del conservacionismo con Leopold (2014), como referente, se visualiza al ambiente desde la exterioridad. El hombre no forma parte del ambiente, está por fuera de él y debe conservarlo, pero, desde la ajenidad. Reclama respeto y ética por la naturaleza.

Es con Passmore, que se cristaliza el antropocentrismo. Con lo cual la sistematicidad que mantiene con Leopold (2013) es la de la desvinculación con el ambiente. Es un vínculo instrumental dado por la razón como elemento de dominación y conquista. Dónde la mayor eticidad está conectada con que la Tierra tiene que ser proveedora del hombre en la satisfacción de sus necesidades. Passmore (1978), coherente con la visión sistémico antropocéntrica, el hombre hecho a la semejanza de Dios, es superior frente al ambiente, no forma parte él.

Arne Naess (2014), filósofo y activista noruego, nos señala la ruptura epistemológica asistémica: el hombre no es superior ni en ajenidad al ambiente. El hombre forma parte de la comunidad biológica en plano de igualdad y diversidad. Gran ruptura y avance hacia una razón no instrumental, sino emancipadora e integradora del ambiente. Todo ello va dar lugar al biocentrismo. El eje central es la vida.

El biocentrismo de la segunda mitad del siglo XX da lugar a Paul W. Taylor (2014), marcando el respeto y derechos al ambiente. Es igualitaria y diversa. Así también son importantes los aportes del estadounidense J. Baird Callicott (1998) con su visión holística y no antropocéntrica del medioambiente. Para pasar así al ambiente inclusivo o ambientalismo integral.

El ambientalismo inclusivo con Armagnague (1998), Santos (1978), Petrella (2004, 2005), Bauman (2011), Boff (2004), Lovelock (2006), Gómez Orea (2013), Carballo (2001), Carrizosa Umaña (2000). Como así también Gudynas (1992) Galafassi y Zarrilli (2002), Connor (2001) y otros autores, nos indican y construyen los cimientos de éste ambientalismo inclusivo o ambientalismo integral. Es la visión y conceptualización que lo atraviesa todo supra y transversalmente. Es una innovación epistemológica muy profunda. Ha sido y es el abordaje complejo de una temática compleja como es el ambiente. Es decir todas las disciplinas científicas, ya sean las básicas sociales como las básicas empíricas y formales, son subsumidas por el ambiente, teniendo al hombre, no en el medio del ambiente, sino dentro e integrando al ambiente desde la pertenencia y no la ajenidad.

Esta base conceptual y visional es uno de los pilares que nos permite a percibir la escasez social del agua como un problema ambiental y no sólo como un problema económico, social o sanitarista etc. Es decir la escasez del agua potable al lesionar al hombre, lesiona al ambiente. Por ende es un problema ambiental.

En el capítulo 1 queda demostrado, así, que el ambiente abarca todo, también al hombre desde la pertenencia y no la distancia con la naturaleza. El ambiente no le pertenece al hombre, el hombre pertenece al ambiente.

En el capítulo 2 se avanza sobre el análisis teórico de los discursos. Dando cuenta así, que ante la complejidad del ambiente se requiere un abordaje narrativo, descriptivo e interpretativo complejo. Analizar la temática de la escasez social del agua, exige un análisis complejo, multi y transdisciplinario. Porque al ser un enfoque del ambientalismo inclusivo o integrador la única herramienta idónea es la de una percepción compleja. Es la perceptualidad de una narración compleja la que nos permitirá por un lado analizar la problemática de la escasez social del agua y por el otro lado compararla con una narración simple, que nos permitirá connotar cómo es un análisis reduccionista e insuficiente.

El capítulo 2 se concatena naturalmente con el capítulo 1, porque recurriendo a los instrumentos teóricos, entre otros autores, de Morin (2000, 2010), Van Dijk (1990, 1999), Weber (1993), Heidegger (2004), Pereyra (2011), Funtowik (1979), en concordancia con Galafassi y Zarrilli (2002), como así también Castoriadis. Todo ello pone de manifiesto que ante la complejidad del ambientalismo integral, que es el que capta en su plenitud la escasez social del agua como problema ambiental, corresponde una percepción y narración compleja. Y, como tal totalizante. El ambientalismo inclusivo totaliza en complejidad. Entre otros emergentes indicadores de ello, es Etchechurry (2002) con los estudios de impacto ambiental. Gonzalez Laso (1996), Hantke-Domas (2013), Pereyra (2011), Ascher (2004), Capra (2003), Carballo (2001, 2010, 2014), Cook y Reichardt (1986), Cronon (1980), Di Pace(1992) Gallopin (1992), Ferrero (1993), Lacabana (2011) Feinmann (2008), Gudynas (1992), Herzer (1996), Gurevich (1996), Kamal Tolba (1982) y sesgadamente, pero, no deja de ser un aporte desde la complejidad jurídico ambiental es Libster (2000).

Por último en este capítulo abona a la complejidad, necesaria desde ya, es Riechmann (2004) y Rolston (1998), uno desde la agroética y el otro, desde un ecocentrismo o biocentrismo pertinente.

Así, hubo muchas narraciones complejas y totalizantes en la historia, verbigracia como es en su momento el liberalismo, luego el marxismo. También podríamos mencionar el Estado de Derecho en cuanto a los derecho civiles y políticos, luego el Estado Social de Derecho y por último el Estado Ambiental de Derecho.

Como toda narración o pensamiento complejo, no sólo es abarcativo de todo, sino también trae consigo dispositivos que hacen a la riqueza de dicho pensamiento. Pues no sería complejo si no se cuestionara a sí mismo, y ante dichas cuestiones buscara una síntesis dialéctica y reproducirse pero en expansión y no en forma endógena. Vienen en recurrencia el principio de incertidumbre, el principio de precaución y de prevención. Constitutivos del ambientalismo y cuestionadores del positivismo. Sabemos que el positivismo fue y es una totalidad unidisciplinar, reduccionista y simplista. En cambio la complejidad con la incertidumbre nos viene a decir que el conocimiento no es definitivo y acabado que es objeto de dudas e incertezas.

El principio de precaución nos viene a decir que ante la duda de un acontecer científico que puede dañar, como los agroquímicos, aunque la OSM señaló sus daños, no se deben usar.

El principio de prevención es la pauta que busca prevenir daños ambientales y evitar las mitigaciones, reparaciones o remediaciones ambientales.

La visión integral, por ende compleja, lleva a una profunda reflexión y a soportar contradicciones e incertezas y convivir con ellas. A diferencia del positivismo que parte y partía de verdades absolutas e incuestionables.

Reiteramos que en el capítulo 1 analizamos por medio de la evolución del concepto ambiente, un fenómeno complejo como es la escasez social del agua, y como tal es un problema ambiental. Siendo que en el capítulo 2, la herramienta para abordar esa complejidad del ambientalismo inclusivo es el pensamiento complejo con una narración compleja. Demás está decir que complejidad no es objeto de una sinonimia de complicación.

Queda demostrado que el no acceso social al agua potable es un problema ambiental.

En el capítulo 3 hemos analizados las noticias de los diario en los periodos estivales de enero a marzo de 2011 y 2012. Todas ellas vinculadas directa o indirectamente con la temática del agua.

Se puede constatar que el abordaje con que se realizan dichas notas no corresponden con un ambientalismo integral o inclusivo, sino más bien de ajenidad respecto al ambiente. Que esta concepción mediática simplista resulta insuficiente para interpretar el fenómeno del agua potable y de la escasez social del agua en particular.

En las noticias de los medios gráficos señalados se los enfoca desde una perspectiva social, económica, de infraestructura y más lejos como problema político y de salud. No es vinculada dicha temática ni directa o indirectamente con el tópico ambiental.

En el diario *La Capital*, es el que más registra noticias referidas al tema del agua. Al ser del de mayor cantidad de notas, es muy factible que se amplifique las disciplinas científicas de las que se vale el diario para enfocar la temática de la escasez social del agua. Podemos señalar que las herramientas de las que se vale a la hora de las noticias, dada su cantidad, son en enfoques sociales, económicos, y más distantes políticos, sanitaristas y de infraestructura.

En el caso de *Página12/ Rosario 12*, los enfoques son sociales, de impacto urbano y de ingeniería. Así, en el primero se trata cómo afectó a tal barrio o zona, su situación en una contextualidad más amplia, y en cada caso, cuál fue la ausencia o falla de la infraestructura de ingeniería hídrica.

En el caso de *El Ciudadano*, donde se publican más noticias relacionadas que en el diario anterior, resaltan el impacto social, urbano y económico.

En el primer caso se conecta con la afectación de lo social, del sujeto como entramado sociohistórico, más no como sujeto ambiental, en un espacio territorial. En lo económico, es auto-referencial: parte desde lo económico para volver a lo económico. También las falencias de infraestructura de ingeniería son señaladas con la misma lógica, ya que no hay conexión directa o indirecta con el ambiente.

Queda así demostrado en este trabajo que las narraciones gráficas marcan una insuficiencia de percepción respecto a la escasez social del agua. No la vincula como cuestión ambiental y queda encapsulada en el ámbito económico y social fundamentalmente.

Coherente y siguiendo con los capítulos 1, 2 y 3, el capítulo 4 respalda también este trabajo y por ende a la tesis. Así es, la entrevista a cuatro periodistas y a un funcionario del ENRESS, nos señala claramente la existencia de una concepción desambientalizada de la problemática del agua. Es dable subrayar por su negatividad, el antropocentrismo contundente McLuchan (1996), de uno de los teóricos clásicos de la comunicación, que nos señala cómo desde dicha construcción conceptualizante homocéntrica es imposible acceder a la complejidad ambiental.

La falta de una visión integral respecto la escasez social del agua, impide visibilizar el daño ambiental o lesa ambientalidad. Ello produce que ésta problemática esté desjerarquizada, con lo cual el proceso de agendización del Estado es lento. Las soluciones también se lentifican, porque de alguna manera no se puede ver la gravedad de la situación. Y la otra consecuencia, entre otras, siguiendo a Carballo, es que la propuesta de políticas públicas, que surjan de la carencia científica señalada, serán asimétricas, insuficientes e insustentables.

Mapa N° 1
Identificación de zonas de impactación de la escasez social del agua en base a la información de los medios gráficos de Rosario en enero, febrero y marzo 2011-2012. Sobre un mapa satelital.

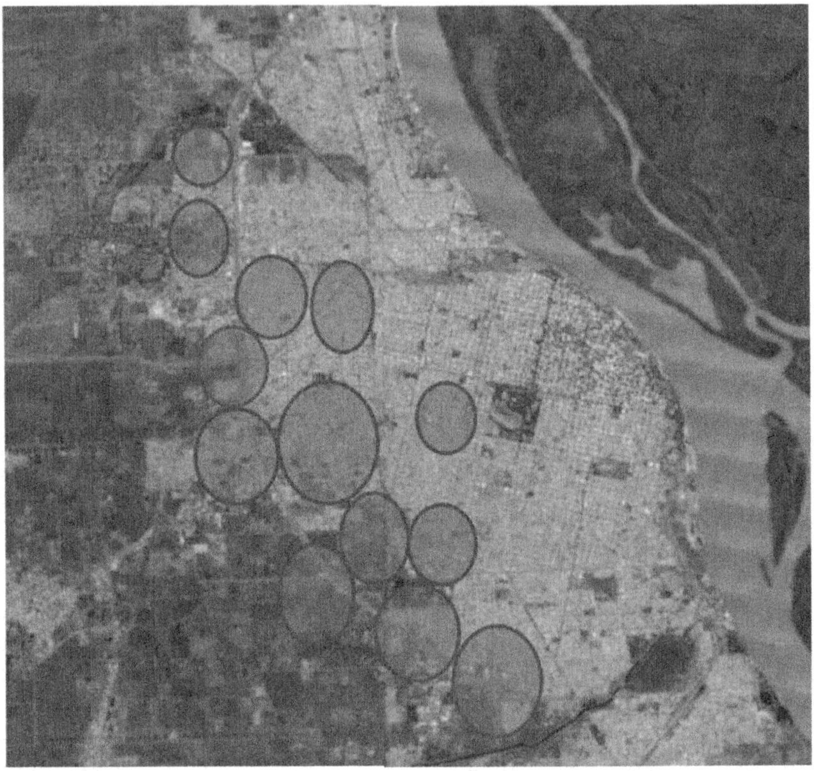

Fuente: elaboración propia.

BIBLIOGRAFÍA

Bauman, Z. 2011 *Daños colaterales. Desigualdades sociales en la era global* (Buenos Aires: Fondo de Cultura Económica).

Boff, L. 2004 *La crisis como oportunidad de crecimiento* (Cantabria: Sal Terrae).

Bohoslavsky J.P. y Justo J.B. Año (2011) P*rotección del derecho humano al agua y arbitrajes de inversión* en <https://studylib.es/doc/7574371/protecci%C3%B3n-del-derecho-humano-al-agua-y-arbitrajes-de-inv> acceso el 5 de diciembre de 2013.

Callicott, J.B. 2011 2003 *En busca de una ética ambiental* en <https://periodicos.ufsc.br/index.php/ethic/article/view/1677-2954.2008v7n3p19/21828> acceso 3 de agosto de 2014.

Carballo, C.T. 2004 *Crecimiento y desigualdad urbana. Implicancias ambientales y territoriales. Campana, 1950-2000* (Buenos Aires: Dunken).

Carballo, C.T., Carreras Doallo X., Cerda J.M. y Vaccarini C. 2012-2013 "Clases de los seminarios de Talleres de Tesis" dictados en el Campus Virtual de la Universidad Nacional de Quilmes del 22-11-2012 al 23-11-2012 y 28-11-2013 al 29-11-2013.

Carrizosa Umaña, J. 2000 *¿qué es el ambientalismo? La visión ambiental compleja* (Santa Fe de Bogotá: IDEA).

Castoriadis, C. 2013 (1975) *La institución imaginaria de la sociedad* (Barcelona: Tusquets).

Eco, U. 1977 *Cómo se hace una tesis* (Barcelona: Gedisa).

Faccendini, A. I. 2007 *Derecho, Ciudadanía y Estado. El control ciudadano y la privatización del agua* (Rosario: UNR Editora).

Galafassi, G. 2002 *Ambiente, Sociedad y Naturaleza. Entre la teoría social y la Historia Parte I* (Quilmes: Editorial Universidad Nacional de Quilmes).

Galafassi, G. 2013 "Clases del seminario Ética Ambiental" dictadas en el Campus Virtual de la Universidad Nacional de Quilmes.

González de Laso, F. 1996 *Ambiente y Desarrollo. Ensayos. Reflexiones acerca de la relación entre los conceptos: ecosistema, cultura y desarrollo* (Santa Fe de Bogotá: Pontificia Universidad Javeriana-IDEADE).

Hantke-Domas M. y Jouravlev A. 2011 *Lineamientos de Políticas Públicas para el Sector de Agua Potable y Saneamiento* en <http://www.cepal.org/> acceso el 5 de diciembre de 2013.

Lacabana, M.A. 2011 "Clases del seminario Economía Ambiental" dictadas en el Campus Virtual de la Universidad Nacional de Quilmes.

Lovelock, J. 2006 "La venganza de la Tierra. La teoría de Gaia y el futuro de la Humanidad"en *El estado de la Tierra* (Barcelona: Planeta).

McLuhan H.M. 1996 *Comprender los medios de comunicación. Las extensiones del ser humano* (Barcelona: PAIDÓS).

Morin, E. 2010 *Complejidad restringida, complejidad general* en <www.biblioteca.itam.mx/estudios/90-99/93/edgarmorincomplejidadrestringida.pdf> acceso 10 de diciembre de 2013

Pereyra, A. 2011 "Clases del seminario Problemas Ambientales" clases dictadas en el Campus Virtual de la Universidad Nacional de Quilmes.

Petrella, R. 2004 *El manifiesto del agua* (2da. Ed.) (Barcelona: Intermón Oxfam).

Petrella, R. 2005 *El derecho a soñar. Propuesta para una sociedad más humana* (Barcelona: Intermón Oxfam).

Taylor, P.W. 2005 *La ética del respeto a la naturaleza* en <http://theomai.unq.edu.ar/clase%205_PWT.pdf.> acceso el 3 de agosto de 2014.

Van Dijk, T. 1999 *Análisis del discurso social y político* (Quito. Abya-Yala).

Van Dijk, T., Mendizábal, I. 1999 *Análisis del discurso social y político* (Quito. Ediciones ABYA-AYALA)

Zarrilli, A. 2012 "Clases del seminario Historia Ambiental" disctadas en el Campus Virtual de la Universidad Nacional de Quilmes.

ARTÍCULOS Y CAPÍTULOS DE LIBROS

Armagnague J.F. (1999). *Constitución de la Nación Argentina. Comentada. Anotada. Concordada.* (Mendoza: Ediciones Jurídicas Cuyo).

Armagnague, J. (1998/1999) *Nuevos derechos y garantías. Constitución de la Nación Argentina. Comentada-Anotada. Concordada. Aspectos del Recurso Extraordinario* (2da.ed.) (Mendoza: Ediciones Jurídicas Cuyo).

Ascher, F. 2004 *Los nuevos principios del urbanismo. El fin de las ciudades no está al orden del día* (Madrid: Alianza).

Capra, F. 2003 *Las conexiones ocultas. Implicancias sociales, medioambientales, económicas y biológicas de una nueva visión del mundo* (Barcelona: Anagrama).

Carballo, C.T. y Simeone L. 2001 "Comunidad, problema ambiental y percepción"en *Anuario División Geografía 200-2001* (Tucumán:. Universidad Nacional de Tucumán).

Carballo, C.T. 2010 "Educación ambiental, áreas protegidas y cuenca. Contribuciones para la formación superior en EA" en *Anuario de la división Geografía 2009* (Luján: Universidad Nacional de Luján).

Carballo, C.T. 2014 "Valorizaciones: visiones de lo sustentable y tensiones territoriales como procesos activos en la construcción social del riesgo en la ciudad de Luján" en *Ciencia Trópica* (Luján: Editorial Massangana-Fundación Joaquín Nabuco) Vol. 38 N° 2.

Cook, T.D. y Reichardt, CH.S. 1986 *Métodos cualitativos y cuantitativos en investigación evaluativa* (Madrid: Morata).

Cronon, W., Descota, P., Flórez, A., Leal, C., Palacio, G., Sedrez, L., Serje, M. y Ulloa A. 2002 en *Repensando La Naturaleza*. (Leticia Amazonas: Universidad Nacional de Colombia).

Di Pace, M., Federovisky, G., Gallopin, G., Gómez, I., Gross, M., Gutman, P., Hardoy, J., Marchetti, B., Morello, J., Pérez, A. & Winograd, M. 1992 *Las utopías del medio ambiente. Desarrollo sustentable en la Argentina* (Buenos Aires: CEAL).

Eco, U. 1977 *Cómo se hace una tesis* (Barcelona: Gedisa)

Etchechuri, H., Ferrero, R. &Bergoy, G. 2002 *Evaluación de Impacto Ambiental.* (Buenos Aires: Espacio Editorial)

Feinmann, J. P. 2008 *La filosofía y el barro de la historia* (Buenos Aires:Planeta).

Galafassi, G. y Zarrilli, A. 2002 *Ambiente, Sociedad y Naturaleza. Entre la teoría social y la historia* (Bernal: Editorial Universidad Nacional de Quilmes.

Gómez Orea, D. *Evaluación del Impacto Ambiental* en <file:///C:/ Users/ANIBAL/Downloads/PA_Gomez_Orea .pdf.> acceso 5 de diciembre de 2013.

González de Laso, F. 1996 *Ambiente y Desarrollo. Ensayos. Reflexiones acerca de la relación entre los conceptos: ecosistema, cultura y desarrollo* (Santa Fe de Bogotá: Pontificia Universidad Javeriana-IDEADE).

Gudynas, E. 1992 "Los múltiples verdes del ambientalismo latinoamericano" en *Nueva Sociedad* (Montevideo) N° 122 Noviembre-Diciembre 1992.(Págs. 1-13).

Iglesias, E. (2019) *Ecología Profunda* N° 61 (Madrid: Ecologistas en Acción) en <http://www.decrecimiento.info/2010/11/ecologia-profunda.html> acceso el 3 de agosto de 2014.

Heidegger, M. 2004 *El ser y el tiempo* (Buenos Aires. Fondo de Cultura Económica).

Herzer, H & Gurevich, R. 1996 "Degradación y desastres parecidos y diferentes, tres casos para pensar y algunas dudas para plantear" en Fernández M.A. (comp.) *Ciudades en riesgo de degradación ambiental, riesgo urbano y desastres* (Buenos Aires: La Red).

Kamal Tolba, M. 1982 "Alimentación y medio ambiente"en *Desarrollo sin destrucción. Evolución de las percepciones ambientales* (Barcelona: Ediciones del Serbal).

Kamal Tolba, M. 1982 "Medio ambiente natural y humano" en *Desarrollo sin destrucción-Evolución de las percepciones ambientales* (Barcelona: Ediciones del Serbal).

Kant, Immanuel .Crítica de la razón pura. Recuperado 18-08-2016 de http://www.edu.mec.gub.uy/biblioteca_digital/libros/K/Kant,%20 Inmanuel%20-%20Critica%20a%20la%20razon%20pura.pdf .

Leopold, A. 1948 *La ética de la Tierra* en <http://mercaba.org/K/ Ecologia/La%20%C3%A9tica%20de%20la%20tierra.htm> acceso el 28 de julio de 2014.

Libster, M. 2000 *Delitos ecológicos* (Buenos Aires: Ediciones Desalma).

Martínez, A.; Iglesias A.; Rosenfeld A. 2005 "Generación de instrumentos regulatorios. Normativa de Evaluación de Impacto Ambiental en Argentina" en Revista Theomai-Estudios sobre Sociedad, Naturaleza y Desarrollo (Quilmes: Universidad Nacional de Quilmes).

Morin, E. 2010 *Complejidad restringida, complejidad general* en <http//www.Biblioteca.itam.mx/estudios/90-pp/93/ edgarmorincomplejidad restringida pdf.> acceso el 10 de diciembre de 2013.

O´Connor J. 2001 "¿Qué es la historia ambiental? ¿Por qué historia ambiental?" en *Causas Naturales. Ensayos de marxismo ecológico* (México: Siglo XXI).

Passmore, J. 1974 *La responsabilidad del hombre frente a la naturaleza* (Madrid: Alianza Universidad).

Riechmann, J. 2004 "Hacia una agroética. Consideraciones sobre ética ecológica y actividad agropecuaria" en *Ética ecológica propuestas para una reorientación*. (Montevideo: Editorial Nordan-Comunidad).

Rolston III, H. 1998 "Los caminos de la ética ambiental. Una antología de textos contemporáneos" en Kwiatkoska T., Issa J. (comp.). *Ética ambiental: valores y deberes en el mundo natural*. (San Rafael: Plaza y Valdés Editores) N° 73.

Santos, M (1978) *Metamorfosis del espacio habitado* (Barcelona: Ed. Oikos-Tau).

Van Dijk, T. 1990 *La noticia como discurso .Comprensión, estructura y producción de la información* (Barcelona: Paídós).

Weber, M. 1993 *Ensayos sobre metodología sociológica* (Buenos Aires: Amorrortu).

Weber M. 2000 *Ensayos sobre metodología sociológica* (Buenos Aires: Amorrortu).

Zarrilli, A. 2002 *Ambiente, Sociedad y Naturaleza. Entre la Teoría Social y la Historia. Parte 2* (Quilmes: Editorial Universidad Nacional de Quilmes)

INFORMACIÓN PERIODÍSTICA

LA CAPITAL

"Cerca de 5 mil vecinos sin agua en zona oeste" en *La Capital* 2011 (Rosario) 13 de enero.

"Por segunda vez en 6 meses, la capital provincial se quedó sin agua" *La Capital* 2011 (Rosario) 13 de enero.

"Cerca de 5 mil vecinos sin agua en zona oeste" en *La Capital* 2011 (Rosario)14 de enero.

"Aguas construirá una planta potabilizadora para el Gran Rosario" en *La Capital* 2011 (Rosario) 6 de febrero.

"Caminar varias cuadras para conseguir agua" en *La Capital* 2011 (Rosario) 6 de febrero.

"Un cortocircuito afectó el suministro en distintas zonas" en *La Capital* 2011 (Rosario) 6 de febrero.

"Aguas construirá una nueva planta potabilizadora para el Gran Rosario" *La Capital* 2011 (Rosario) 6 de febrero.

"Firmaron contrato para la primera etapa del acueducto del Gran Rosario" en *La Capital* 2011 (Rosario) 8 de febrero.

"Lanzaron la licitación del acueducto Gran Rosario" en *La Capital* 2011 (Rosario) 1 de marzo .

"Alientan a beber agua de la canilla y a cuidarla" en *La Capital* 2011 (Rosario) 20 de marzo.

"Con locales del centro, arrancan hoy los controles del derroche de agua" en *La Capital* 2012 (Rosario) 2 de enero.

"La provincia refuerza la distribución de agua potable en el norte santafesino" en *La Capital* 2012 (Rosario) 2 de enero.

"Regularizan el servicio en los barrios afectados por baja presión de agua" en *La Capital* 2012 (Rosario) 3 de enero.

"Comenzó la inspección de lavaderos para evitar el derroche de agua" en *La Capital* 2012 (Rosario) 6 de enero.

"Baigorria: se agrava la provisión de agua y aumentan las quejas" en *La Capital* 2012 (Rosario) 7 de enero.

"Sequía: No faltará agua para consumo humano" en *La Capital* 2012 (Rosario) 8 de enero.

"La falta de agua sacó de nuevo a la calle a los vecinos de Baigorria" en *La Capítal* 2012 (Rosario) 10 de enero.

"La provincia define esta semana la suba del agua" en *La Capital* 2012 (Rosario) 10 de enero.

"La falta de agua sacó de nuevo a la calle a vecinos de Baigorria" en *La Capital* 2012 (Rosario) 10 de enero.

"Baigorria declaró la emergencia hídrica y pide ayuda a la Nación" en *La Capital* 2012 (Rosario) 11 de enero.

"Baigorria: el intendente pidió a la Nación recursos para obras de agua" en *La Capital* 2012 (Rosario) 12 de enero.

"La factura de Aguas subirá este año entre el 63 y el 117 por ciento" en *La Capital* 2012 (Rosario) 18 de enero.

"Bonfatti: El aumento de Aguas es el menor que podíamos aplicar" en *La Capital* 2012 (Rosario) 19 de enero.

"La bajante del río podría afectar la prestación del servicio de Aguas" en *La Capital* 2012 (Rosario) 20 de enero.

"Agua para los campos del norte provincial" en *La Capital* 2012 (Rosario) 20 de enero.

"Ya hay 13 barrios sin agua y los empezaron a abastecer 2012 con cubas" en *La Capital* 2012 (Rosario) 21 de enero.

"Piden informes sobre la falta de agua en 13 barrios rosarinos" en *La Capital* 2012 (Rosario) 22 de enero.

"ASSA busca mejorar el servicio" en *La Capital* 2012 (Rosario) 29 enero.

"Solicitan audiencias en los distritos por la falta de agua" en *La Capital* 2012 (Rosario) 30 de enero.

"El Concejo quiere implementar una comisión sobre agua y energía" en *La Capital* 2012 (Rosario) 9 de febrero.

"Comenzó la instalación de medidores de agua" en *La Capital* 2012 (Rosario) 10 de marzo.

"Construirán una planta de líquidos cloacales en Rufino" en *La Capital* 2011 (Rosario) 1 de marzo.

"Comenzó la instalación de medidores de agua" en *La Capital* 2012 (Rosario) 10 de marzo.

"La falta de agua potable afecta a unos 300 millones de personas" en *La Capital* 2012 (Rosario) 13 de marzo.

"Investigan ríos de Córdoba" en *La Capital* 2012 (Rosario) 19 de marzo.

"Piden por el derecho al agua" en *La Capital* 2012 (Rosario) 19 de marzo.

"Escalada judicial contra la suba de la tarifa del agua" en *La Capital* 2012 (Rosario) 22 de marzo.

"Los rosarinos consumen un 37,5% más de agua que el promedio nacional" en *La Capital* 2012 (Rosario) 23 de marzo.

PÁGINA12/ROSARIO

"Sin agua y con mucho calor" en *Página12/Rosario* 2011 (Rosario) 12, 13 de enero.

"El conducto tiene demasiadas fallas" en *Página12/Rosario* 2011 (Rosario) 12, 14 de enero.

EL CIUDADANO Y LA GENTE

"Solo se consigue agua bendita" en *El Ciudadano y la Gente* 2011 (Rosario) 6 de enero.

"Desperfecto en un caño dejó sin agua a Santa Fe" en *El Ciudadano y la gente* 2011 (Rosario) 13 de enero.

"Aguas: público reclamo de Lifschitz por obras pluviales" en *El Ciudadano y la Gente* 2011 (Rosario) 27 de enero.

"Obras en el Saladillo: fue suspendida la adjudicación" *El Ciudadano y la Gente* 2011 (Rosario) 2 de febrero.

"Algo huele mal en el sur" en *El Ciudadano y la gente* 2011 (Rosario) 2 de febrero.
"Cinco ofertas para la obra en el Saladillo" *El Ciudadano y la Gente* 2011 (Rosario) 4 de febrero.
"Dictaron cautelar contra aumento de agua de 2010" en *El Ciudadano y la gente* 2011 (Rosario) 28 de febrero.
"Sin agua y con mucho calor" *El Ciudadano y la Gente* 2011 (Rosario) 28 febrero.
"Se suman voces a favor de descentralizar agua y luz" *El Ciudadano y la Gente* (Rosario) 5 de marzo 2011.
"Con el agua hasta el cuello" *El Ciudadano y la Gente* 2012 (Rosario) 19 de enero.
"Rossi cuestiona caída de inversión en ASSA para 2012" *El Ciudadano y la Gente* 2012 (Rosario) 28 enero.
"Ediles piden sumar fuerzas para frenar aumento" en *El Ciudadano y la gente* 2012 (Rosario) 16 de marzo.
"Cinco barrios sin agua junto a un estadio que utiliza 80 mil litros"en *La Capital.* 2013 (Rosario) 5 de agosto.

Made in the USA
Monee, IL
18 October 2026

66035218R10090